高等学校信息与通信工程类专业系列教材

多模态数据融合与检索技术

杨 曦 宋 彬 编著

西安电子科技大学出版社

内 容 简 介

    本书共四章，分别为引言、多模态学习、多模态数据融合和多模态数据检索。本书以异构异源多模态数据为研究对象，概述了其产生途径、学习模型和应用场景。在此基础上，重点分析了多模态数据融合技术和多模态数据检索技术，包括其基本概念、发展历史、传统方法、前沿方法和发展方向等内容。

    本书涉及的学科方向包括信号处理、模式识别、机器学习、计算机视觉等，可作为高等学校通信、电子、人工智能等相关专业的本科生、研究生的教材，也可作为从事多模态数据应用领域工作的读者的技术参考书。

图书在版编目(CIP)数据

多模态数据融合与检索技术/杨曦，宋彬编著. —西安：西安电子科技大学出版社，2021.6(2023.5重印)

ISBN 978 - 7 - 5606 - 6057 - 8

Ⅰ. ①多…　Ⅱ. ①杨…　②宋…　Ⅲ. ①数据融合　②数据检索　Ⅳ. ①TP274 ②G254.926

中国版本图书馆 CIP 数据核字(2021)第 090282 号

策　　划	李惠萍
责任编辑	郑一锋　南　景
出版发行	西安电子科技大学出版社(西安市太白南路2号)
电　　话	(029)88202421　88201467　　邮　编　710071
网　　址	www. xduph. com　　　　电子邮箱　xdupfxb001@163. com
经　　销	新华书店
印刷单位	咸阳华盛印务有限责任公司
版　　次	2021 年 6 月第 1 版　2023 年 5 月第 2 次印刷
开　　本	787 毫米×1092 毫米　1/16　印张 10.5
字　　数	246 千字
印　　数	2001～3000 册
定　　价	25.00 元

ISBN 978 - 7 - 5606 - 6057 - 8/TP

XDUP 6359001 - 2

＊＊＊如有印装问题可调换＊＊＊

前　言

随着 5G 无线网络和物联网的高速发展，人们获取的数据信息在数量爆炸式增长的同时，其模态也呈现出多样性：一方面，数据的表示结构不同，包括文字、语音、图像、视频等，即呈现出"异构"性；另一方面，数据的传感器来源不同，包括可见光数据、红外数据、微波数据等，即呈现出"异源"性。如何统筹利用这些异构异源数据，完成信息互补和表征增强，实现对事物的多角度多层次认知，是当下的热点研究问题和实际技术难题。

在对多模态数据进行学习的过程中，多模态数据融合与检索技术至关重要。多模态数据融合是指通过不同特征集的互补融合，联合学习各模态数据的潜在共享信息，进而提升数据任务的有效性。多模态数据检索是指以一种模态的数据作为请求，检索出最相关的另外一种模态形式的数据，以建立多模态数据的关联性。该项技术可应用于精准搜索引擎（语音、文字、图像互相搜索）、无人驾驶系统（激光雷达、可见光摄像头、GPS 数据信息协同）、情感分析推荐（文本评论、人脸图像视频综合评判）、遥感目标感知（可见光图像、红外图像、合成孔径雷达数据信息互补）等众多领域。

作为一项前沿技术，多模态数据融合与检索技术的理论成果多以国际期刊或会议论文形式发表，缺少系统介绍其相关理论知识的入门书籍。针对该现状，本书结合经典理论知识和前沿技术研究，对多模态数据融合与检索技术进行了系统的理论讲解和研究分析。在具体内容方面，第一章介绍了多模态数据的定义和应用场景；第二章介绍了多模态数据学习技术的相关理论、研究进展和实际应用；第三章和第四章分别针对多模态数据融合技术和多模态数据检索技术，首先介绍其研究背景、国内外现状、常用数据集、性能评判准则，然后归纳总结传统方法的理论要点和研究过程，随后详细解读前沿方法的模型框架和技术创新，最后分析未来发展方向，为相关研究者提供探索思路。

本书由杨曦和宋彬编著，杨曦编写了第一、二、四章，宋彬编写了第三章。参与本书工作的还有西安电子科技大学综合业务网理论及关键技术国家重点实验室的博士生魏梓钰，硕士生赵静怡、许龙涛、王肖祁等，他们负责本书内容的搜集整理、图表编辑和文字校对等大量工作。在此，向所有为本书出版提供帮助的人士表示诚挚的谢意！

由于编者专业水平有限，书中难免存在疏漏和不足之处，敬请广大读者批评指正。

编　者

2021 年元月

目录
Contents

第一章 引 言

1.1 研究背景与意义

随着科技的迅猛发展，人类社会步入了大数据时代。人们的生活和工作都需要大数据的支持：网上冲浪、查阅资料需要大量的文本数据；人脸识别、行人追踪需要大量的图像数据；监控安保、刑侦追捕需要大量的视频数据。大数据给予了人类丰富多彩的信息，通过挖掘数据内部与信息之间的关系，并利用这些"微妙"的关系可以大大减少在生活与生产中投入的人力物力，有效提高生活品质与生产效率。因此也可以说，大数据已经成为了人类社会向前迈进的基石。

大数据包含许多不同形式、不同来源的数据，本书称这些数据呈现出不同的"模态"。模态与数据的产生方式息息相关，图 1.1 所示为数据的多种产生方式。例如，耳朵、眼睛、鼻子等感官产生的听觉、视觉、嗅觉；语音信号、视频播放器、书籍信笺等信息媒介产生的音频、视频、文字；激光雷达、红外雷达、合成孔径雷达等传感器产生的多光谱图像、红外图像、SAR 图像等。由于事物发生方式的不同而产生的各种各样的数据，都可以称为一种"模态"。

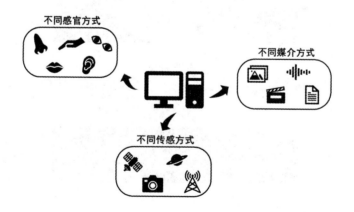

图 1.1 数据的多种产生方式

不同模态的数据有不同的接收方式，所以也可以说模态是指信息接收的特定方式，例如在日常生活中，人们可以通过观察图像和视频了解物体的形态，通过音频理解语义表示等[1-4]。有趣的是，这些模态所包含的内容之间的互信息可能很大也可能很小，但最终的指向却是一种事物。不同模态的数据虽然具有千差万别的特性，但是每一类都会从不同角度、不同方面（也就是不同模态）来描述事物，从而使人类能够更加全面地观察和分析事物。

　　人们生活在一个多种模态相互交融的环境中，当人们对所处的环境进行感知时，往往能快速地接受来自四面八方各种各样的信号，进而在大脑中对其进行处理和理解。例如我们在十字路口过马路时，眼睛用来观察交通灯和来往的行人与车辆，耳朵用来辨别不同人和物发出的声音，双腿用来丈量前进的距离等，多方面的信息进行交互，通过人体的中枢神经传递给大脑进行汇总与判断，最终由大脑发出的指令指示人们什么时刻行走、去往哪里以及行走朝向等，这说明人类的认知过程是多模态的。

　　多模态的相关概念和理论在公元前 4 世纪被第一次提出，哲学家用它来定义融合不同内容的表达形式与修辞方法。20 世纪以来，这一概念被语言学家更为广泛地应用于教育学和认知科学领域。进入 21 世纪，多模态被广泛运用于医疗、交通、监测等多个领域[5-6]。

　　近年来，各类多模态数据呈现指数级增长，已然成为新时期信息资源的主要形式。多模态通常是指两个或者两个以上模态的组合，这些组合成为目前多模态研究领域的研究热点，所得到的研究结果被广泛应用于人们的日常生活中。图 1.2 所示为日常生活中的多模态应用举例。社交软件中的语音转文字功能包含了文字和音频这两种模态的组合；自动短视频配乐基于视频与音频两种模态的组合；网站的搜索功能以及无人驾驶技术包含了文字、图像、视频等多种模态的组合。这些不同模态的组合为我们的生活提供了极大的便利，丰富了人类的认知和理解过程。

图 1.2　日常生活中的多模态应用

　　虽然各式各样的单模态数据能够在一定程度上描述数据的信息和内容，但是不够全面，缺乏普适性和层次感，而多模态数据能够解决单模态中存在的问题并提升整体数据利用与数据表达的性能。对多模态数据的研究具有十分重要的意义，主要表现在以下四个方面：

　　（1）多模态数据能够提取更丰富的信息，通过不同模态数据之间的相互支撑、修正和融合，人们可以更深入地理解与剖析待描述的事物。

（2）多模态数据能够提供多角度的描述，通过不同角度的数据进行它们之间的集成与补充，提高待描述事物所含信息的精准度与安全性。

（3）多模态数据能够获得更强大的应用效果，通过数据对信息的不同敏感性，在对信息进行捕捉时可以达到多方位的收集和解析，增强信息的多样表达性和多模呈现性。

（4）多模态数据能够达到更稳定的系统性能，在信息对抗与信息加密上由于不同模态的相互加持，增加了鲁棒性、抗干扰性和自控性，因此在对信息质量要求较高时，人们往往采用多模态数据进行描述与处理。

综上所述，多模态数据在事物的信息描述、应用效果和系统性能上都占据着不可或缺的位置，因此，对于多模态数据的研究具有十分重要的意义。

1.2 研究内容

近 20 年来，人们投入了大量的时间和资金对多模态数据进行分析和理解，力求提高对数字化信息的利用率。多模态数据被应用在生活的方方面面，小到拿起手机搜索各类新闻热点，大到发射卫星监测地球实况画面，人们几乎每时每刻都在接触多模态数据。然而，如何更有效地利用多模态数据完成众多不同的任务，是目前多模态研究领域的重点与难点。

对大量多模态数据的理解与认知过程，以及对其进行的一系列研究都可以称为多模态学习。本书中将多模态学习分为两类：一类是基于模型的多模态学习，包括多模态表示学习与多模态协同学习；另一类是基于任务的多模态学习，包括多模态转化任务、多模态融合任务和多模态检索任务。其中，基于任务的多模态学习是理论概念与日常生活间的桥梁，它不仅能够引领理论层面的发展方向，还能够满足日常生活的实际需求。在人类生活中，最离不开的便是多模态数据融合任务，许多实际应用中都将大量的多模态数据汇总在一起以达到更精确的信息描述，但这仅仅是一个基础，经过融合之后的数据还能够被用于许多其他任务中，其中最为常见的任务便是多模态数据检索任务，这个任务掌控着人们所能获取到的数据的质量与精准度。因此，本书将对多模态数据融合技术与多模态数据检索技术进行深入讨论。

1.2.1 多模态数据融合技术

数据融合技术又称为信息融合技术，是为了达成某个目标而对多个信息进行综合处理的过程。早期融合单一模态的多个信息大多数都是采用简单的连接技术以达成融合效果，这种方式简单方便，可以节省时间成本和人力成本，但是没有采用多模态融合技术后得到的信息内容丰富，因此研究者们尝试将多种模态信息进行组合，进而产生了多模态数据融合的概念[7]。

多模态数据融合技术是指利用计算机对多种模态信息进行综合处理的技术。它的主要思想是对不同种类的多模态数据进行集成整合，联合学习各模态数据的潜在共享信息，以获取对客观物体的状态与环境信息更为准确的描述与判断，进而提升对事物表达的精准性。

图 1.3 所示为多模态数据融合整体流程，从中可以看出，同一种类型的数据可以由 m 种模态得到，这 m 种模态大都是独立的模块，对每一种模态的数据分别进行相应的预处理，再将数据清洗后的 m 种类型的模块进行数据融合，最后，综合多模态的信息进行数据筛选和观察。

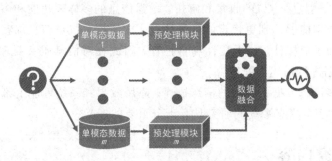

图 1.3　多模态数据融合整体流程

人们平时所说的多模态数据融合，本质上是对生物体综合处理多种信息的能力的一种模仿。生物体对于客观事物的观测与认知就是最基本的多模态数据融合过程。例如，猫科动物在捕捉猎物时，会运用其多种不同的感官对猎物本体进行感知，例如通过鼻子来辨别方向，通过眼睛来判断位置，通过耳朵来判断距离等，利用多模态获取大量不同种类的信息，并且把这些信息传送回大脑进行集中处理，大脑会对获取到的多模态信息进行组合和关联，利用多种模态的信息融合来判断猎物的准确方位并控制腿部运动，扑向猎物进行捕捉。

在多模态融合系统中，各种传感器测得的数据一般都会具有不同的特点，并使用不同的格式表示出来，因此多模态数据融合技术的研究重点是对于多传感器取得的不同模态数据选取最优的特征识别方法和融合算法。这些算法通过完成多种不同传感器信息的协调与互补，改善基于不确定数据的决策过程，来解决普通方法所无法确定的问题[1]。由于描述同一事物的不同模态之间具有一定的关联性，所以每个模态都能为其余模态提供一些信息；如果只对不同模态数据进行同等处理或对所有模态特征进行简单的连接整合，则无法保证多模态数据融合任务的有效性。因此，多模态数据融合技术将通过对多种传感器所得到的多模态数据进行合理分析和利用，把这些数据依据合适的优化原则协调在一起，得到最终的融合结果，从而对观测目标的状态或活动规律进行判断和解释。目前在大数据支撑的生活和生产中，进行多模态数据融合研究工作的主要方向是探索不同模态之间的关联性，挖掘各个模态间的特有信息与共享信息，并通过模态间信息的互补来学习更加准确的复杂数据特征，以支撑后续的研究工作。

图 1.4 所示为多模态数据融合的具体操作。多模态数据融合大体上可以分为三个阶段：第一阶段是多模态数据的汇聚，是将所有模态的信息汇聚成较大的集合；第二阶段是多模态数据的消除，消除的意义是将重合度与相关度过大甚至同样的信息进行去除，其中一种常用的方式是如图 1.4 中第二阶段将模态 1 与模态 2 取并集得到模态 5；第三阶段是多模态数据的整合，将剩余的模态数据（例如图中消除阶段的所有模态数据）进行重新整合，得到新的融合数据，这个数据既包含了所有模态的有用信息，又对其中冗余的信息进行了消除。模态之间信息的融合有利于综合多方面的信息，有利于扩增信息的广度和深

度，有利于去除冗余信息，在丰富模态的同时还能够删繁就简。

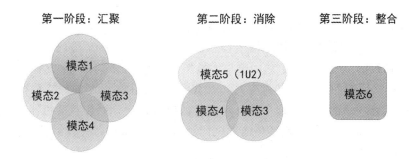

图 1.4　多模态数据融合具体操作

多模态数据融合技术最早诞生于军事领域，主要用于实现目标定位、识别和跟踪，根据任务不同，所使用的融合方法也不相同。随着计算机行业的进步，多模态数据融合技术的应用逐渐扩展，在许多领域都做出了巨大的贡献。多模态数据融合技术常见的应用包括以下内容。

1. 遥感影像融合

遥感影像融合是一个处理多遥感器的影像数据和其他信息的过程，它着重于把那些在空间或时间上冗余或互补的多源数据，按一定的规则进行运算处理，获得比任何单一数据更精确、更丰富的信息，生成一幅具有新的空间、波谱、时间特征的合成影像。图 1.5 所示为高分二号卫星在辽宁省某地区所摄影像及融合结果，从左至右分别为多光谱影像（3.2 米）、全色影像（0.8 米）以及利用主成分分析法所得的融合影像，融合后的影像更为清晰，具有较高的利用价值，能够对后续工作做出贡献。

图 1.5　高分二号卫星所摄影像及融合结果

在具体应用中，需要融合的数据除基本的多源遥感影像外，通常还包括一些非遥感数据。由于多模态数据在属性、空间和时间上的不同，遥感影像数据融合都会先进行数据预处理，包括将不同来源或者具有不同分辨率的遥感影像在空间上进行几何校正、噪声消除、图像配准以及非遥感数据的量化处理等，以形成适合进行数据融合操作的数据集或数据库。这不仅仅是数据间的简单加和，更强调了信息的优化，以突出有用的模态信息，消除或抑制冗余的信息和噪声，减少误差和不确定性，改善目标识别的图像环境，从而增加解译的可靠性，扩大应用的范围和效果。

2. 智能机器人

智能机器人具备形形色色的内部信息传感器和外部信息传感器，如视觉、听觉、触觉、嗅觉传感器。这些传感器以及所产生的多模态信息作为感受周围环境的手段，让智能机器人拥有与人类相似的感受，以便于它做出与人类类似的反应。图1.6所示为2019年机器人世界杯比赛，这次比赛的举行地点为澳大利亚悉尼，来自中国合肥的战队取得了快速制造救援机器人挑战赛项目的冠军。这个项目由参赛队伍自行设计制作救援机器人，要求能在碎石、杂草、台阶、废墟等复杂地形环境下执行侦测、识别幸存者等救援任务。

图1.6　2019年机器人世界杯

3. 自动驾驶汽车

自动驾驶汽车又称无人驾驶汽车，是一种通过计算机系统实现无人驾驶的智能汽车。在20世纪已有数十年的发展历史，21世纪初呈现出接近实用化的趋势，越来越多的汽车公司倾向于制造自动驾驶汽车，图1.7所示为2020年特斯拉最新自动驾驶汽车。自动驾驶技术包括利用视频摄像头、雷达传感器以及激光测距器等来感知周围的交通状况，并通过前期人工驾驶汽车采集到的详尽地图对前方的道路进行导航。这一切都通过将驾驶过程中

图1.7　2020年特斯拉最新自动驾驶汽车

收集到的地形及地物信息传送到数据中心进行处理，进而实现自动驾驶。

4. 医学图像融合

医学成像已经成为现代医疗不可或缺的一部分，其应用贯穿整个临床工作，常见的包括 X 射线透射成像、CT、MRI、PET 等。多种成像模式提供的信息常常具有互补性，为了综合使用多种成像模式以提供更全面的信息，常常需要将有效信息进行融合，从而使临床工作人员可以快速获取感兴趣的病理信息。图 1.8 所示为医学领域中实验鼠的 CT 图像与PET 图像融合，融合后的图像成像更清晰，包含的骨骼信息和病变内容更多。

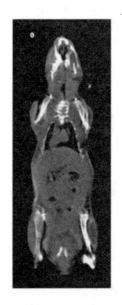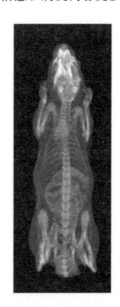

图 1.8　医学领域中实验鼠的 CT 图像与 PET 图像融合

在科技发展日新月异的今天，多模态融合技术需要处理不同特点与形态的数据，并将它们应用于不同的场景和环境中，因此，多模态数据融合仍然是我国军事和民事领域中一个非常重要的研究领域。但是，目前针对多模态数据融合的理论研究与实际应用仍处于初期发展阶段，制约其快速发展的主要因素有三点：一是无法确定每个模态的置信水平和多个模态间的相关性，至少有一种模式可能丢失掉必要数据；二是来自不同模态的信息可能具有不同的预测能力和噪声结构，无法确定对不同模态特征信息的降维方式；三是无法确定合适的方式对非同步采集的多模态数据进行配准等。所以，选取对应的数据融合方法来处理不同的多模态数据是迫在眉睫的关键问题。

通过研究学者们多年的刻苦钻研，多模态数据融合技术从传统方法已经慢慢过渡到前沿方法。传统方法根据算法设计目的不同可以分为基于规则、基于分类和基于估计的融合方法，而前沿方法多采用神经网络策略，包括基于池化、基于深度学习和基于图神经网络的多模态数据融合方法。这些方法不仅为融合技术的快速发展添砖加瓦，还催生了各种基于融合技术的实际应用，使人们的日常生活更加便捷。

多模态数据融合作为相对成熟的技术，可以辅助多模态领域的许多应用，其中最为常见的便是多模态数据检索。下面将对多模态数据检索技术的概念与应用进行简要介绍。

1.2.2 多模态数据检索技术

数据检索技术是利用已拥有的数据在大量多样数据中进行搜索，并得到期待数据的过程。随着智能设备的普及以及大量网站的涌现，人们获取数据信息的方式发生了改变，图 1.9 所示为多模态数据检索示意图。在新浪微博、知乎、豆瓣等社交网站上，每天都有数以万计的用户在分享着自己的生活，文字、图像、音乐、视频等多种多样的海量数据被创造与传递。人们对某一事物的表述可以不再局限于单一模态的数据，传统的数据处理、分析、检索的结果也已经无法满足人们对信息综合性的需求。人类需求的提高进一步催生了新一代面向多模态数据的检索技术，因此对多模态数据检索技术的研究具有重要的意义[8-9]。

图 1.9 多模态数据检索示意图

在众多的多模态数据中快速且精确地选取到自己感兴趣的信息是较为困难的，而单模态检索技术已经成熟，大多实际应用为图像检索与文本检索，但这并不能有效解决多模态检索问题。多模态数据检索技术是以一种模态的数据作为请求，检索出最相关的另外一种或多种模态数据的技术，能够丰富人们对于事物的认知和理解。多模态数据检索的核心在于建立不同模态信息之间的关联，有效地度量不同模态数据的相似性。由于不同模态的数据存在着巨大的异构差距，目前还没有研究出有效的度量方法衡量多种模态所含内容的相似性。所以，多模态检索技术仍有较大的发展空间。

多模态数据的检索技术在互联网领域应用广泛，图 1.10 所示为多模态数据检索技术的具体应用。例如，利用百度开发的支持多模态搜索的检索引擎，用户通过简短的描述性文字信息，不仅能够找到相关文本信息，还能够寻找到相关的图像、音频或视频信息；新浪微博会依据用户的关注情况，自动推送用户可能感兴趣的内容，将相关内容主动呈现在用户界面上，以增强用户对同一事物的检索和判断；搜狗输入法则提供能够依据文字信息检索包含有近似语义的图像的功能，在用户输入文字时自动生成表情包，丰富用户的输入体验。

多模态数据的检索还体现在军事应用层面，例如在进行军事侦察时，对一个地区进行侦察搜索后需要得到此地理位置的经济信息、政治信息、文化信息、气候信息、人文信息、军事信息等，每一种信息都有特别的意义，同时也有密切的关联关系，这些信息对侦察具

图 1.10　多模态数据检索技术的具体应用

有重要作用。

　　目前国内外学者对多模态数据检索技术的研究也已经相对成熟，根据时间节点可以分为传统多模态数据检索与前沿多模态数据检索两种方法。传统检索方法中包括基于典型相关分析、基于偏最小二乘、基于双线性模型、基于传统哈希的多模态数据检索方法；前沿检索方法中包括基于深度学习、基于哈希以及基于主题模型的多模态数据检索方法。这些多种多样的检索策略极大地推动了多模态检索技术的发展，满足了人们在大数据时代精准寻找感兴趣数据的需求，同时促进了科技与实际应用的发展与进步。

本 章 小 结

　　本章主要对多模态数据的研究背景、意义和主要研究内容进行了介绍，其中对多模态数据在新时期数据膨胀时代的研究意义进行了简要阐述，单一模态的数据可以对事物的形态提供比较详尽的表征，但是缺乏全面性和普适性；而多类模态的数据从不同方面、不同角度、不同切入点对事物的形态有一个整体且完备的估量，能够对数据和信息有一个从单一到多源的升维。与此同时，本章详细论述了多模态数据的两个主要研究内容，即多模态数据融合技术和多模态数据检索技术。多模态数据融合技术把多模态数据看成一个大集合，而每一个单一模态都是其中的子集，将它们映射到特征空间并采取交并操作即完成了多模态数据融合。模态间的融合可以为数据增加新的信息，也可以为数据减少重复的操作，这些都更有利于对复杂数据的处理和分析。多模态数据检索技术能够帮助人们从大量的数据资源中快速挖掘出对自己有用的信息，为了满足繁杂多样的数据带来的搜索需求，需要对数据的多个模态进行相似性判决和关联性度量，这不再是单一模态数据的搜索操作，而是面向多种模态数据的共同检索，为人类生活提供了极大的便利。本书在后面的章节中将对多模态学习的相关内容进行介绍，并依据传统方法与前沿方法分别对多模态数据的融合与检索技术进行研究。

本章参考文献

[1]　余辉，梁镇涛，鄢宇晨. 多来源多模态数据融合与集成研究进展[J]. 情报理论与实践，43(11)：169.

［2］ 范涛，吴鹏，曹琪. 基于深度学习的多模态融合网民情感识别研究［J］. 信息资源管理学报，2020，10(1)：39.

［3］ 朱永生. 多模态话语分析的理论基础与研究方法［J］. 外语学刊，2007 (5)：82－86.

［4］ 聂为之. 多模态媒体数据分析关键技术研究［D］. 天津：天津大学，2014.

［5］ 陈鹏，李擎，张德政，等. 多模态学习方法综述［J］. 工程科学学报，2020，42(5)：557－569.

［6］ 刘建伟，丁熙浩，罗雄麟. 多模态深度学习综述［J］. 计算机应用研究，2020，37(6)：1601－1614.

［7］ 赵亮. 多模态数据融合算法研究［D］. 大连：大连理工大学，2018.

［8］ 冯方向. 基于深度学习的跨模态检索研究［D］. 北京：北京邮电大学，2015.

［9］ 姚继鹏. 基于图文检索的多模态学习算法研究［D］. 西安：西安电子科技大学，2019.

第二章 多模态学习

大数据背景下，多模态数据对同一对象的描述存在外在异构异源和内在语义一致的特点。不同的模态数据能够代表观察对象在某一特定角度下的特征，为认知事物提供了多方面的视角，所以说，多模态学习更贴近人类认识世界的形式。本章介绍了多模态数据的定义与分类，阐述了多模态学习的分类与应用，并根据目前多模态研究领域的热点与难点，介绍了融合与检索任务的研究进展。

2.1 多模态数据概述

伴随着多媒体技术的广泛应用，对同一数据信息的获取可以有不同形式或者不同来源的视角，每一种视角都可以称为一种模态数据。因此，多模态数据被定义为两个或者两个以上模态数据的组合，这些组合成为目前多模态研究领域的研究热点，所得到的研究结果被广泛应用于人们的日常生活中。

相较于之前经典的图像、语音、文本等多模态数据的划分形式，现在的多模态数据是一个更为细粒度的概念，不仅有不同媒介产生的不同的模态，同一媒介下也能够存在不同的模态[1]。根据模态数据的形式与来源差异，本书将多模态数据分为异构多模态数据与异源多模态数据。

2.1.1 异构多模态数据

异构多模态数据是日常生活中人们所接触到的大多数多模态数据。在计算机系统中，异构多模态指由不同的媒介产生的模态数据，包括文字、图像、照片、声音、动画和影片等。在计算机领域里，媒介是指承载和传输某种信息或物质的载体，传输的信息包括语言文字、数据、视频、音频等；存储的载体包括硬盘、软盘、磁带、磁盘、光盘等。媒介可分为五大类：感觉媒介、表示媒介、表现媒介、存储媒介和传输媒介。异构多模态数据是把各种信息数据进行科学的整合，为用户提供多种形式的信息展现，从而使得到的信息更加直观生动。图 2.1 所示为异构多模态数据，它们是由不同的媒介产生的不同类型的异构多模态数据。本书将异构多模态数据大致分为以下五种类型。

1. 文本

文本是以文字和各种专用符号表达的信息形式，它是现实生活中使用最多的一种信息存储和传递方式。用文本表达信息能够给人们充分的想象空间，它主要用于对知识的描述性表示，如阐述概念、定义、原理和问题以及显示标题、菜单等内容。

2. 图像

图像是客观对象的一种相似性和生动性的描述，是人类社会活动中最常用的信息载

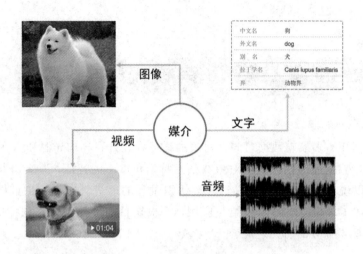

<table>
<tr><td>中文名</td><td>狗</td></tr>
<tr><td>外文名</td><td>dog</td></tr>
<tr><td>别名</td><td>犬</td></tr>
<tr><td>拉丁学名</td><td>Canis lupus familiaris</td></tr>
<tr><td>界</td><td>动物界</td></tr>
</table>

图 2.1　异构多模态数据

体,也是多模态数据中最重要的信息表现形式之一。图像也是客观对象的一种表示,它包含了被描述对象的有关信息。据统计,一个人获取的信息大约有 75% 来自视觉,这说明图像是决定视觉效果的关键因素,同时也是人们最主要的信息源。

3. 动画

动画是利用人的视觉暂留特性,快速播放一系列连续运动变化的图形图像,也包括画面的缩放、旋转、变换、淡入、淡出等特殊效果。通过动画可以把抽象的内容形象化,使许多难以理解的教学内容变得生动有趣。合理使用动画可以达到事半功倍的效果。

4. 声音

声音是由物体振动产生的声波,通过介质传播并能被人或动物听觉器官所感知的波动现象。它是人们用来传递信息、交流感情最方便、最熟悉的方式之一,人类的听觉在声波的作用下能够产生的对声音特殊的感觉。

5. 视频

视频泛指将一系列静态影像以电信号的方式加以捕捉、记录、处理、存储、传送与重现的各种技术。当连续的影像迅速变化达到每秒超过 24 帧画面以上时,人眼便无法辨别单帧的画面,这样看上去平滑连续的视觉效果叫做视频。视频具有时序性与丰富的信息内涵,常用于交代事物的发展过程。

2.1.2　异源多模态数据

异源多模态数据是指来自不同传感器的同一类媒介产生的数据。在日常生活中,这些异源多模态数据离人们并不遥远,其中一些简单的传感器会反馈不同的信息以便于人体感知,例如温度传感器、湿度传感器、压力传感器等。随着技术的发展,传感器内部结构逐渐精细化,从而产生更多可应用于多个研究领域的复杂异构多模态数据。例如,当人们去医院检查身体时,不同的检查设备例如 B 超、计算机断层扫描、核磁共振等会产生的不同的医学影像数据,能够帮助医生分析和了解人们的身体状况;卫星通过携带不同种类的传感器拍摄不同类型的地面数据,例如可见光图像、红外图像、合成孔径雷达图像等,研究人员能够利用这些数据进行综合分析,完成灾难预警或自然环境监测等任务。

异源多模态数据能够帮助人们从不同方面了解事物的本质，更加清楚地展示同一媒介下的多模态的数据所具有的多样性。如图 2.2 所示，不同的传感器会产生不同的异源多模态数据，下面将简要介绍目前在计算机视觉领域常用的几种异源多模态数据。

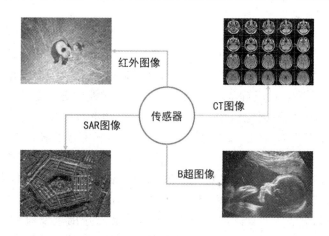

图 2.2　异源多模态数据

1. 红外图像

红外线，又称红外辐射，是指波长为 $0.78 \sim 1000\ \mu\mathrm{m}$ 的电磁波，位于可见光光谱红色以外。其中波长为 $0.78 \sim 2.0\ \mu\mathrm{m}$ 的部分称为近红外，波长为 $2.0 \sim 1000\ \mu\mathrm{m}$ 的部分称为热红外线。自然界中，一切物体都可以辐射红外线。因此通过利用红外传感器测量目标本身与背景间的红外线差，可以得到不同的热红外线形成的红外图像。红外图像为单通道，物体的温度越高则图像中对应部分就越亮。

2. 合成孔径雷达图像

合成孔径雷达(Synthetic Aperture Radar，SAR)是一种主动式的对地观测系统，可安装在卫星等飞行平台上，全天时、全天候对地实施观测，并具有一定的地表穿透能力。因此，SAR 图像在灾害监测、环境监测等方面具有独特的优势以及其他遥感手段难以发挥的作用，因此越来越受到世界各国的重视。

3. 超声诊断图像

超声诊断图像中最为常见的是 B 超图像。它的原理是向人体发射一组超声波，按一定的方向进行扫描。根据监测其回声的延迟时间与强弱就可以判断脏器的距离及性质，再经过电子电路和计算机的处理，便形成了人们今天熟悉的 B 超图像。

4. 计算机断层扫描图像

计算机断层扫描(Computed Tomography，CT)图像是用 X 射线束对人体某部位具有一定厚度的层面进行扫描，由探测器接收透过该层面的 X 射线，转变为可见光后，由光电转换变为电信号再转换为数字信号，最后输入计算机处理得到对应的医学影像。

从上述讨论可知，小到个人生活，大到国家探索，异源多模态数据从方方面面帮助着人类进步和发展。对于多个不同传感器所得到的数据，人们可以从逻辑和物理以及规范上集成多个信息源数据。通过集成，具有不同特征的数据将成为新的数据，这些新数据不仅能够表达与以前相同的含义，甚至还能挖掘出一些潜在的规则和知识，帮助人们更全面、更透彻地了解事物本身。

2.2　多模态学习

每一种信息的来源或者形式，都可以称为一种模态。因此，对多模态数据的挖掘分析过程可被理解为"多模态学习"。它的相关概念有"多视角学习"和"多传感器信息融合"，但归根结底都是通过对不同模态数据的集成分析处理以便完成后续的应用。相对于"单模态学习"，"多模态学习"的目的是建立一个能处理和关联多种模态信息的模型，有效的"多模态学习"可获得更丰富的语义信息，进而提升待表示事物的整体性能。

1970 年，"多模态学习"的概念首次被提出。传统的多模态学习方法大多依赖于单模态自身信息相对充分、模态间信息一致的假设。但在实际应用中，多模态特征通常无法满足上述假设，尤其是在开放环境下受到特征噪声、缺失等因素的影响，使得多模态的数据收集、数据表示以及模型输出更为复杂。2010 年之后，随着科技的进步，"多模态学习"全面步入了深度学习阶段，成为机器学习、人工智能等相关领域的重要研究基础。基于深度学习的多模态学习旨在通过机器自动学习来实现理解多源模态信息的能力，它已逐渐发展为各种模态数据内容分析与理解的主要手段，国内外研究者也逐步在多模态学习领域中取得了显著的研究成果。目前比较热门的研究方向是文本、图像、视频、音频之间的"多模态机器学习"。

2.2.1　多模态学习分类概述

多模态学习根据理论层面与应用层面被分为两类：基于模型的多模态学习与基于任务的多模态学习。其中，基于模型的多模态学习包括表示学习与协同学习，基于任务的多模态学习包括转化任务、融合任务与检索任务。这些都是多模态学习的核心，其技术的发展可以促进多模态学习领域继续保持活力，下面将分别对它们进行探讨。

1. 多模态表示学习（Multimodal Representation）

单模态的表示学习是将信息表示为计算机可以处理的数值向量或者进一步抽象为更高层的特征向量，而多模态表示学习是指通过利用多模态之间的互补性和关联性，剔除模态间的冗余性，从而为每个模态提取最具有判别性的特征表示，以帮助它们学习到更好的特征表示，并最终表示和汇总成多模式数据。

多模态表示学习主要包括两大研究方向：联合表示学习（Joint Representations）和协同表示学习（Coordinated Representations）。图 2.3 所示为多模态表示学习的研究方向，联合表示学习是将多个单模态投影到一个共享的子空间，以便能够融合多个模态的特征，形成一个多模态向量空间；协同表示学习将多模态中的每个模态分别映射到各自的表示空间，但映射后的向量之间满足一定的相关性约束，例如线性相关。

图 2.4 所示为联合表示学习经典应用。例如，在图像-文本生成任务中，当输入图像时，利用条件概率可以生成文本特征，得到图像相应的文本描述，如"夜晚""海上""银杏""自然"等；而输入"雪景""白色""湖""风景"等文本时，利用条件概率同样可以生成图像特征，通过检索出最靠近该特征向量的两个图像实例，可以得到符合文本描述的图像。

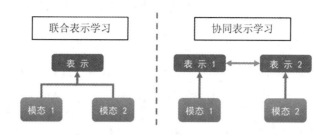

图 2.3　多模态表示学习的研究方向

图 2.4　联合表示学习经典应用

图 2.5 所示为协同表示学习的经典应用。协同学习能够利用协同学习到的特征向量之间满足加减算数运算这一特性，搜索出与给定图像满足"指定的转换语义"的图像。例如："狗的图像特征向量"－"狗的文本特征向量"＋"猫的文本特征向量"＝"猫的图像特征向量"，在特征向量空间根据得到的特征向量及最近邻距离，检索得到猫的图像。

图 2.5　协同表示学习经典应用

2. 多模态协同学习（Multimodal Co-learning）

在缺乏标注数据、样本存在大量噪声以及数据收集质量不可靠时，可通过不同模态间的知识迁移提高质量较差模态的性能。使用一个资源丰富的模态信息来辅助另一个资源相对贫瘠的模态进行学习的方式称为协同学习。协同学习方法是与需要解决的任务无关的，因此它可用于辅助多模态转化、融合及检索等任务的研究。

近年来的热点领域——迁移学习（Transfer Learning）就属于协同学习的范畴，图 2.6 所示为迁移学习的过程，主要任务是从相关领域中迁移标注数据或者知识结构来完成或改进目标领域的学习效果。比如，绝大多数迈入深度学习的初学者会尝试做的一项工作就是将 ImageNet 数据集上学习到的权重，在自己的目标数据集上进行微调，从而训练出更好的目标模型。

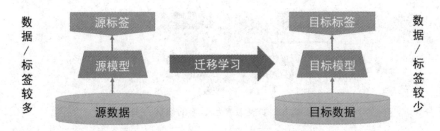

图 2.6　迁移学习过程

迁移学习中常被探讨的问题目前集中在域适应性（Domain Adaptation）上，即如何将训练域上学习到的模型应用到目标域中，它可以利用信息丰富的源域样本来提升目标域模型的性能。图 2.7 所示为域适应性问题的大体过程，由于训练域可通过有监督映射得到特征，因此域适应性问题的思路是首先将目标域的数据通过适应监督映射得到特征，并且期望得到的特征与训练集数据特征处于同一个特征空间，由此达到利用其他域数据来增强目标域训练的效果。

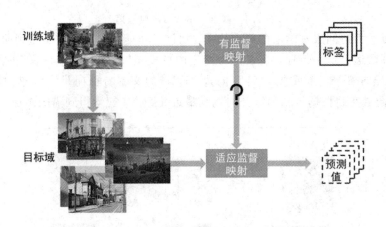

图 2.7　域适应性问题过程

迁移学习领域中还包括零样本学习和小样本学习，很多相关的方法也会用到域适应性的相关知识。零样本学习简单来说就是识别从未见过的数据类别，即训练的分类器不仅能够识别出训练集中已有的数据类别，还可以对于来自未见过的类别的数据进行区分，这使得计算机在无任何训练数据的情况下能够具有知识迁移的能力，很符合现实生活中海量类别的存在形式。小样本学习与零样本学习相似，指的是在训练样本极少，甚至只有一个的情况下，依旧能做新类型数据的识别。

3. 多模态转化（Multimodal Translation）

转化也称为映射，即将一个模态的数据信息转换为另一个模态的数据信息。模态转化被广泛应用于日常生活，图 2.8 所示为多模态转化应用举例，常见的有将语音信息转换为文本信息或根据输入的文本信息而自动合成一段语音信号，又或者对给定的图像形成一段文字描述，以表达图像的内容等。

语音合成　　　　　　　实时翻译

图像描述

一个戴着帽子、穿着格子　　　一位穿着蓝色上衣的老师
衬衫的女生正在弹吉他　　　　正在给学生上英语课

图 2.8　模态转化应用举例

模态间的转换主要有两个难点：一是模态之间的关系往往是开放的，即存在未知结束位，例如在实时语音翻译中，在还未得到句尾的情况下，必须实时地对句子进行翻译；二是模态间存在主观评判性，它是指很多模态转换后的效果没有一个比较客观的评判标准，例如，在对图像进行描述时，无法确定怎样的文字才能够达到最好的诠释。"一千个人心中有一千个哈姆雷特"，当面对同一个模态总存在许多不一样的映射方法来满足不同的需求，因此，一个完美的映射可能并不存在。

4. 多模态融合（Multimodal Fusion）

多模态融合是指通过联合多个模态的信息，进行目标预测（分类或者回归）任务，它属于多模态学习最早的研究方向之一，也是目前应用最广的方向。目前，多模态数据融合技术被广泛应用于人们的日常生活中，较为常见的应用包括视频与音频识别、手机身份认证、多模态情感分析等。

图 2.9 所示为视频与音频识别过程，视频与音频识别是通过分别提取音频以及视频的特征信息，再将有用的信息综合起来作为某一个实例的融合特征，从而进行识别工作的。

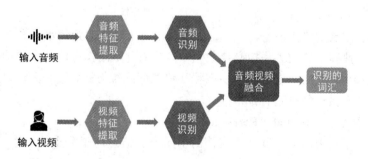

图 2.9　视频与音频识别过程

图 2.10 所示为手机身份认证过程，手机身份认证利用手机的多传感器信息，包括温度传感器、颜色传感器、压力传感器、湿度传感器、加速度传感器等多个传感器识别出的多模态信息，提取融合之后用于认证手机使用者是否为注册用户。

多模态情感分析近几年在多模态研究领域占据一席之地，主要思想是利用多个模态的

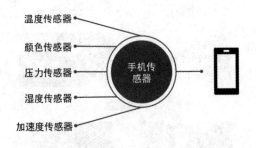

图 2.10　手机身份认证过程

数据，通过互补，消除歧义和不确定性，对被测试者在观测阶段输出的文字、表情、语气等进行综合判断，进一步得到更加准确的情感类型判断结果。图 2.11 所示为多模态情感分析问题，通过"糟糕"或"好看"这类描述词汇可以对被观察者的情绪做初步的判断，但对于"声音大"这种中性词无法做出判断，这便是单模态的弊端。因此利用多模态进行情感分析可以使问题得到解决，通过两类或两类以上情感表达的叠加，可以对被观察者的情感做出更加准确的判断。

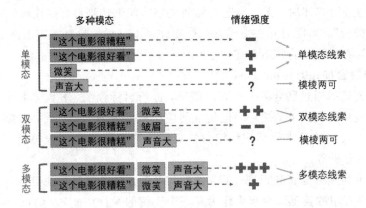

图 2.11　多模态情感分析

多模态融合主要的难点有三个：一是无法确定每个模态的置信水平和多个模态间的相关性，至少有一种模式可能丢失掉必要数据；二是来自不同模态的信息可能具有不同的预测能力和噪声结构，无法确定对不同模态特征信息的降维方式；三是无法确定合适的方式对非同步采集的多模态数据进行配准等。

5．多模态检索(Multimodal Retrieval)

多模态的检索需要对来自同一个实例的不同模态信息的子分支或元素寻找对应关系。检索不仅仅只是简单的两类模态的对应，为了更好地达到检索效果，需要度量不同模态之间的相似性，并处理可能存在的依赖性和模糊性，这也是检索中存在的主要难点。

图 2.12 所示为多模态检索应用举例。从图中可以看出，检索可以是时间维度的，比如输入一组动作对应的视频流(左图第一行)，可以检索到对应的骨骼图像(左图第二行)；检索也可以是空间维度的，比如根据输入的可见光行人图像(右图第一、二行)，可以检索到同一个行人的红外图像(右图第三行)。

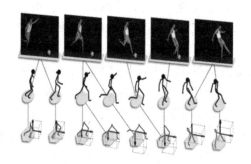

图 2.12　多模态检索应用举例

2.2.2　多模态学习研究进展

由于多模态数据往往是多种信息的传递媒介，例如一段视频中会同时传播文字信息、视觉信息和听觉信息。多模态学习已逐渐发展为多媒体内容分析与理解的主要手段。多模态学习应用广泛，在语音识别和生成、图像识别、事件监测、情感分析和跨媒体检索等方面均有应用，它可以赋予机器理解和融合图像、语音、文字、视频等模态所包含信息的能力。

多模态研究最早的应用实例之一是视听语音识别[2]（Audio-Visual Speech Recognition，AVSR）。在这个应用中，研究人员首先录制了一段录像，内容是一个人用嘴发出"嘎、嘎、嘎"的声音。然后，对录像进行处理，将原音消除，配上了"叭、叭、叭"的声音，并把这段录像播放给接受实验者看，结果接受实验者们说听到的声音是"哒、哒、哒"或"嘎、嘎、嘎"。这个实验说明，人的视觉信息优先于听觉信息。当人的视觉和听觉获得的信息不一致时，会优先提取视觉信息，这种效应称为"麦格克效应[3]（McGurk Effect）"。接受实验者正是被图像中发声人的口型所"欺骗"。这是大脑对于来自眼睛和耳朵所提供的矛盾信息的努力猜测，这个理论也证明眼睛（视觉信息）对于大脑意识与知觉的影响比其他感觉器官所提供的信息更大。

另一项研究发现，视觉信息的不一致可以改变对于口语发音的感知，这表明了麦格克效应可能在人们生活中的许多外在感知上产生影响，这些结果激发了许多来自言语社区的研究者们用视觉信息来扩展他们的研究方法。视听语音识别的许多早期模型都基于各种隐马尔科夫模型（Hidden Markov Models，HMMs）进行扩展。视听语音识别的原始目的是为了提高语音识别性能（例如识别完成后的字错误率），但实验结果表明，当语音信号有低信噪比时[2][4][5]，视觉信息的主要优点才能够得到体现。由此可以发现，模态之间的相互作用是叠加的而不是互补的。使用视觉与语音结合的方法获取信息，能够提高多模态模型的鲁棒性，但无法改善无噪声场景下的语音识别性能。

第二种重要的多模态应用来自多媒体内容索引和检索领域[6][7]。随着个人计算机和互联网的发展，数字化多媒体内容的数量急剧增加，早期索引和搜索这些多媒体视频的方法都是基于关键字[7]的，但是当人们尝试使用这种方法直接搜索视觉和多模态内容时出现了新的研究问题，所以在多媒体内容分析领域也出现了新的研究课题，如自动镜头边界检测[8]和视频总结[9]。

第三种应用是围绕多模态交互的新兴领域建立的，目的是了解人类在社会交互过程中的多模态行为。AMI 会议语料库是该领域最早收集的具有里程碑意义的数据集之一，该语料库包含 100 多个小时的会议视频记录，全部完整转录并进行了标注[10]。另一个重要的数据集是 SEMAINE 语料库，它可以研究说话者和听者之间的人际动态[11]。由于自动人脸检测、面部标志检测和面部表情识别[12]技术的快速进步以及情绪识别和情感计算领域的蓬勃发展，一些实例应用也多出现在医疗方面，如抑郁和焦虑的自动评估[13]。研究学者们还对多模态情感识别的最新进展进行了综述[14]，关于多模态情感识别的大部分研究都表明：当使用多个模态时，多模态情感识别效果有所改善，但这种改善在识别自然发生的情感时有所减弱。

为了将上述的多模态方式应用于现实世界中，人们需要解决多模态学习所面临的一些技术挑战。本书针对常见的应用领域确定了它们需要使用的核心研究方向，以帮助构建多模态学习这一新兴研究领域的最新工作。表 2.1 为多模态学习的应用概述，它展示了在不同的应用领域所需要的相关研究内容，几乎所有的应用都需要多方面的相互作用和配合，与多模态学习有着密不可分的关系[15]。

表 2.1 多模态学习的应用概述

多模态学习	表示学习	协同学习	转换	融合	检索
语音识别与合成					
视听语音识别	✓	✓		✓	✓
（视觉）语音合成	✓		✓		
事件检测					
动作分类	✓	✓		✓	
多媒体事件检测	✓	✓		✓	
情感与影响					
识别	✓	✓		✓	✓
合成	✓		✓		
媒体描述					
图像描述	✓	✓	✓		✓
视频描述	✓	✓	✓		✓
视觉问答	✓	✓		✓	✓
媒体摘要	✓		✓		✓
多模态检索	✓	✓	✓		✓
多模态散列	✓	✓			

2.2.3 多模态学习实际应用

多模态学习赋予机器强大的学习能力因而具有巨大的商业价值，因此很多公司对多模态学习进行商品开发，使得多模态学习走进人们的实际生活。

谷歌是全球最大的搜索引擎公司，同时也在引领世界人工智能的发展。2016 年，被谷歌收购的 DeepMind 科技在创造了击败围棋世界冠军李世石的 AlphaGo 之后，开始被大众认可。图 2.13 所示为 2017 年柯洁与 AlphaGo 对战过程，当时 19 岁的世界围棋冠军柯洁在和 AlphaGo 的围棋终极人机大战中以 0:3 完败，这也是人类顶尖高手与这台机器之间的最后一次较量。后来，谷歌还开发了另一个名为 AlphaZero 的程序，该程序在国际象棋、将棋和围棋方面的表现出色，两个模型的成功将 DeepMind 推向人工智能领域的高峰。

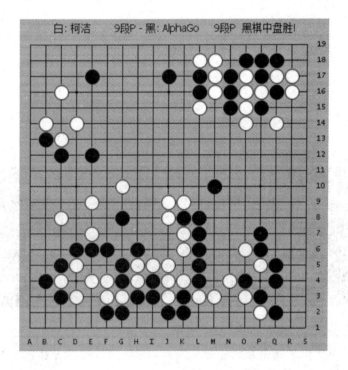

图 2.13　2017 年柯洁与 AlphaGo 对战

2017 年，德国科技公司 DeepL 推出了人工智能辅助翻译系统 DeepL Translator，它能在 AI 的辅助下，通过神经网络的学习，提供更好的翻译结果，使不同文化更加贴近。DeepL 的神经架构运行在冰岛的一台超级计算机上，这台超算在目前全世界 500 强超级计算机中排名第 23，能在 1 秒内翻译一百万字。图 2.14 所示为 DeepL 翻译界面，DeepL 翻译还支持文档翻译和多种手写语言的翻译，实现了文本、视觉等模态信息的交流互通。DeepL 团队的愿景不仅限于翻译，他们还希望利用神经网络已经开发出的一系列文本理解，去扩展人类不同文化的接触面。

2020 年 12 月，北京地平线机器人技术研发有限公司宣布旗下自动驾驶芯片征程 2 出货量突破 10 万，芯片在自动驾驶中具有核心作用，目前国内采用的无人驾驶方案中采用的传感器大都是超声波传感器、毫米波雷达和激光雷达，图 2.15 所示为百度自动驾驶汽车。多模态融合的方式能更加准确引导车辆驾驶，其中超声波雷达一般用在倒车雷达等辅助装置上，但在高速情况下会失效；毫米波雷达主要用于远距离探测，探测距离可以达到250 m 左右；激光雷达是目前使用最多的传感器，可以实现 360°的三维探测；摄像头可以分辨出障碍物的大小，采用双目摄像头可以识别距离，并且通过图像学习进行处理，识别物体的具体种类。

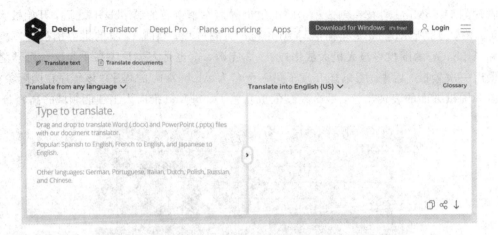

图 2.14 DeepL 翻译界面

图 2.15 百度自动驾驶汽车

Facebook 是世界排名领先的照片分享站点,它运用机器学习让网络社交变得更加有趣、方便,提升了用户的体验。图 2.16 所示为 FaceBook 中的风格迁移实例,它能够将图像的艺术风格转化为其他艺术风格,例如能将真实场景渲染为梵高作品艺术风格的图像,增加图像的丰富度;文字翻译功能能将评论内容翻译为用户设置的语言;通过视频内容自动给视频添加字幕,帮助用户理解视频信息;利用图像-文字描述功能为盲人用户生成图像说明,识别他们浏览的图像,生成文字描述并进行朗读;人脸识别功能可以自动识别图像中出现的人,并对他们进行编号;自动检测功能可以检测并删除不良内容,减少网络社交中的不利因素,构建健康的网络环境;还能够根据用户的浏览习惯自动推送用户感兴趣的内容。

图 2.17 所示为 2020 年阿里巴巴双十一技术沟通会十大前沿技术。2020 年双 11 的智能计算规模和效率再次突破历史峰值,阿里巴巴集团资深副总裁周靖人介绍,这是由于淘宝的网络模型基于全球规模最大的商品认知图谱以及全球首个每日万亿量级的云端协同图神经网络,他称"淘宝 APP 已成为超大规模智能 APP"。各类基础智能科技已在淘宝大规模应用,日调用量也在数千亿次。在视觉 AI 领域,拍立淘目前支持 4 亿商品对应的图像和视频检索;自然语言学习、实时机器翻译、语义识别等技术,也应用在店小蜜、实时翻译、商品评价分析等关键链路中。

其他公司也应用各种机器学习算法构建了多种多样的多模态应用系统,如苹果、微软的人工智能助手 Siri、Cortana 能听懂用户需求并做出对应的操作,省去手动操作的麻烦;

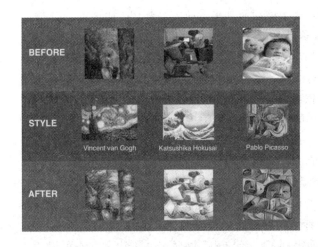

图 2.16　FaceBook 中的风格迁移实例

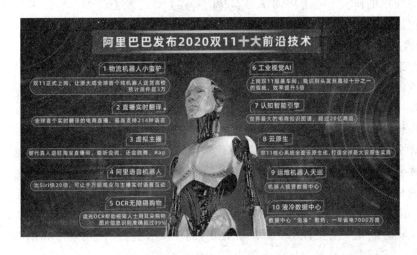

图 2.17　2020 年阿里巴巴双十一技术沟通会十大前沿技术

百度、小米推出的小度与小爱同学能够与智能家居相联系，实现语音控制操作的功能，在很大程度上改变了人们的生活习惯；腾讯的图像识别和标注功能，减少了人工消耗，提高了识别进度与正确率；阿里巴巴的商品推荐系统便捷了用户对于同一类商品的需求搜索，实时更新的商品推荐也为用户提供了更为新颖的购物体验；特斯拉公司所生产的自动驾驶汽车通过输入视觉、雷达、位置、语音、自然语言等信息，能够自动识别行人和障碍物等，综合这些信息后决定汽车的行驶方向与速度。

除此之外，多模态系统还应用于天气预报、环境监测、医学研究、导航系统等领域，如利用图像识别技术对雷达遥感图像和卫星遥感图像进行加工并提取有用信息，进行天气预报和环境监测等；生物医学图像配准中的电子计算机断层扫描与磁共振成像配准，利用异源多模态图像进行配准，完成对应区域的识别与判断；利用图像检索技术实现人脸识别、指纹识别、车牌识别，减少人工消耗，提高社会安全水平与生产力。

2.2.4　多模态学习研究展望

多模态学习有着极大发展潜力的研究方向，大量的研究人员基于现有的模型对其不断地进行创新和探索，对于该领域未来的研究趋势，按照之前的分类总结如下。

1. 多模态表示学习

通过之前提到的实际应用来看，联合表示学习方法适用于多类模态数据在测试阶段都可使用的情况。相对而言，协同表示学习由于分别学习不同模态的特征，更加适合测试阶段仅提供单模态数据或部分模态数据可用的情况，例如零样本学习、模态间映射、多模态检索等任务。对于协同表示学习，相关工作仅限于两个模态的情况，对于更多模态同时存在的情况下的协同表示学习则有待进一步研究。此外，目前多模态表示学习的主流方法局限于静态条件，如何进行动态学习是之后研究的主要方向。

2. 多模态协同学习

由于不同模态所包含的信息不尽相同，多模态协同学习主要利用从一种模态中学到的丰富信息来补充完善另一种匮乏的模态数据。其中协同训练、零样本学习等问题在视觉分类、音声识别等方面得到了广泛应用。同时，协同学习方法可以用于辅助多模态转化、融合及检索等应用的研究。基于协同学习本身的特点，如何挖掘得到尽可能多的模态间的不同信息来促进模型的学习是一个很有价值的研究方向。

3. 多模态转化任务

不同模态间会存在一定的相似性，因此对于研究者来说，如何挖掘模态间的信息也是一个重要的问题。对于事物的每一种模态，人们都有相应的指标对其进行度量，客观指标往往不能如实反映模态的真实效果，因此还需要结合主观评价。多模态转化后面临的一大问题是难以设计评价指标来度量模型的优劣。如果为了获得最接近人类认知的质量评价而依靠人工评分或两两比较来评价模型的转化质量，会损耗大量的人力资源，耗时大且成本高，而且最终的评价结果也会根据受测试者的自身条件偏差而受到影响。研究者们提出了多种相关的评价指标，但根据实际应用结果来看，它们并不能很好地代表转化结果的好坏。因此，解决模态转化过程中的主观评价问题不仅可以更好地评价类型的不同转化任务，还可以辅助研究人员设计出更好的优化函数，而在使用最优化理论和函数时，还需要对不同的模态进行综合比较，从而全面提升转化模型的性能。

4. 多模态融合任务

多模态融合技术的主要目标是缩小多个模态在语义子空间中的分布差距，同时保持各个模态特定语义的完整性。利用多模态融合，能够提高多种多模态任务的性能，但现阶段的研究仍存在许多问题。每一种模态有可能会受到不同类型和不同程度的噪声影响，导致多模态融合后得到的信息不能准确表达出应有的特征，当在包含时序关系的多模态学习中，每种模态可能遭受噪声干扰的时刻也可能不同，这些问题都给多模态融合带来了挑战。

5. 多模态检索任务

早期的多模态检索主要依靠无监督学习方法进行不同模态间的元素匹配。近年来，虽然已陆续有学者进行有监督的检索方法研究，但现阶段的多模态检索仍然存在三个主要问题有待进一步研究：一是不同模态之间的检索应用并不仅仅只是简单的匹配，针对不同模态数据设计相似度度量指标较为困难；二是检索精度受噪声影响大，尤其是当元素的匹配错位时模型性能下降严重；三是不同模态间元素由于媒介或成像机理不同，导致检索过程会出现一对多的关系，甚至还可能存在检索失败的情况。在未来的工作中，研究者可以通过度量学习,采用有监督学习方法来确定不同模态之间的相似度度量,从而提高相关模型的性能。

2.3 多模态数据融合与检索技术

上一节中详细介绍了多模态学习的内容以及多种应用。面对日益增多的多模态数据,人们需要通过多模态学习提高它们的利用率。多模态学习中的融合与检索任务与人们的日常生活联系最紧密。本节将对多模态学习中的这两个实际任务进行简要介绍,并对近年来的相关研究进展进行总结。

2.3.1 多模态数据融合

目前的学习算法在多模态数据融合上提供了比较大的灵活性,大致可以分为三类融合方式:早期融合(Early Fusion)、后期融合(Late Fusion)和中期融合(Intermediate Fusion)[16]。早期融合又称为特征级融合(Feature-level Fusion),后期融合又称为决策级融合(Decision-Level Fusion),中期融合可以看作特征级融合的延伸。针对不同的学习任务,可以选择不同的融合处理方法。

图 2.18 所示为早期融合过程。早期融合在多模态数据融合领域前期研究较多,它的核心思想是先从每种模态中分别提取特征,这些特征很大程度上直接代表模态,然后在特征级别进行不同方法的融合,即特征融合。比如将肤色、动作等多模态特征合并为更大的特征向量,作为人脸检测模型的输入来检测人脸。早期融合的优势在于其可以利用不同方式对多个特征进行融合,从而更好地完成任务,对组合后的特征向量只需要一个学习阶段。早期融合方法存在不同数据源之间的时间同步问题,因此后来人们提出了多种解决同步问题的方法,如卷积、训练和池化融合等,能较好地将离散事件序列与连续信号进行整合,实现模态间的时间同步。由于不同模态数据所包含的信息之间在较高层次才能具有相关性,因此多模态数据的早期融合通常不能解决模态之间的互补性问题,同时还可能导致冗余向量的输入,并且在特征层和数据层提取这种相关度的难度很大。因此,研究人员通常采用降维技术来消除输入空间中的冗余问题,例如主成分分析(Principal Component Analysis,PCA)方法被广泛应用于多模态深度学习的降维处理中。处理后的数据集更易使用,降低了算法的计算开销,同时也使结果更容易被理解。

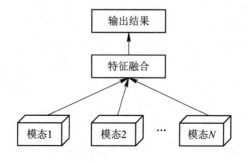

图 2.18　早期融合过程

图 2.19 所示为后期融合过程。后期融合不在原始的数据维度上进行融合处理,而是对

每种模态的数据分别用不同的算法模型进行训练学习，将得到的不同结果以某种决策方式进行融合以得到最终的决策结果。与早期融合相比，后期融合策略具有许多优点：一是后期融合的方法会使得数据融合变得更容易，不同于特征级融合，来自不同模态的特征（例如音频和视频）可能有不同的表示，语义级的决策通常有相同的表示，因此融合过程较为简单；二是后期融合策略可以根据融合过程中使用的模态进行扩展，提供了更多的灵活性，允许使用最合适的方法来分析每一个单一的模态，如音频的隐马尔可夫模型（Hidden Markov Model，HMM）和图像的支持向量机（Support Vector Machines，SVM）。后期融合方法的缺点是没有充分利用各模态之间的特征级的相关性。此外，由于使用不同的分类器来获取局部决策，会使得局部决策的学习过程变得繁琐而费时。

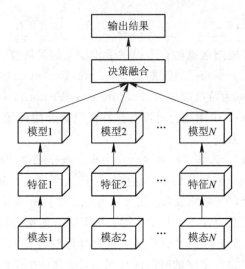

图 2.19　后期融合过程

图 2.20 所示为中期融合过程。中期融合可以看作早期融合的延伸。随着深度学习的兴起，各种神经网络被不断提出，这些结构可以有效地完成不同模态数据的特征提取，将原始数据转换成高层特征表示。正如前文所述，不同模态的数据由于结构、表示等不同存在着异构差距，直接融合存在着挑战性。如果将不同模态的数据利用不同的神经网络转换成有效的高层特征表示再进行融合，就成为了一种行之有效的方法。因此，中期融合成为目前最流行的深度多模态融合方法。在中期融合策略中，针对不同模态数据的特点选择不同的神经网络架构是非常重要的。现阶段针对图像数据，一般会采用卷积神经网络（Convolutional Neural Networks，CNN）；针对文本音频等序列化数据，一般采用循环神经网络（Recurrent Neural Networks，RNN）；在更为简单的情况下，会选择用多个全连接层完成特征提取，然后通过共享表示层对不同的特征表示进行融合。这里的共享表示层并不仅仅局限于一层网络层，而是指共同空间，在此共同空间中可以完成各种模态数据隐含相关性的挖掘。由于具有各种神经网络结构强大的建模与特征提取能力，展现模态融合方式的直观性以及人们选择共享表示层所在深度的灵活性，中期融合目前相对于其他的融合方式与策略拥有更好的实验效果，因此在图像内容问答、情感分析、人机交互、姿态识别等领域应用广泛。

综上所述，三种融合方法各有优缺点，早期融合的方法较为简单，但存在时间不同步

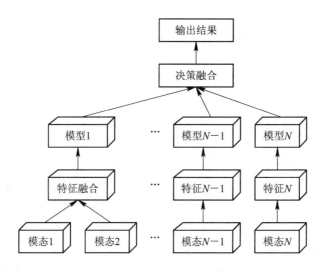

图 2.20　中期融合过程

与低层次无相关性的问题。后期融合可以对不同模态数据进行不同的特征表示，但丢失了不同模态特征间的相关性。而中期融合方法使用较为灵活，目前是多模态数据融合任务中的常用方法。但是对于不同的应用任务，并不是所有的模型都能够取得较好的效果，因此，研究人员还需要根据现实应用问题和研究内容采取合适的融合方案。

1.2 节中已经提到过，多模态数据融合方法可以分为传统方法和前沿方法两大类。传统数据融合方法分为基于规则的融合方法、基于分类的融合方法和基于估计的融合方法。前沿方法多采用基于池化、基于深度学习和基于图神经网络的多模态数据融合方法，下面将分别对它们进行探讨。

1. 多模态数据融合传统方法

（1）基于规则的融合方法在时间对齐程度较高的多模态数据上能取得了较好的效果，常见的方法是线性加权融合法。线性加权融合是一种最简单、应用最广泛的融合方法。这种方法将不同模态得到的低级颜色或高级语义信息通过线性的方式进行组合，从而得到融合后的数据。由于其简单可行，后期在线性加权融合法的基础上衍生出多数投票法，作为加权组合的一种特殊情况，规定所有分类器的权重都是相等的。另外还可以根据模态的不同对规则进行改变，衍生出一系列自定义式多模态融合方法。

（2）基于分类的融合方法将多模态观测的结果分类到预定义的类别中。分类的方法包括有支持向量机、贝叶斯推理、D-S 理论、动态贝叶斯网络和最大熵模型等。其中，贝叶斯方法是人们熟知并且广泛应用的一种分类方法，作为大部分融合方法的基础，贝叶斯方法根据概率论的规则对多模态信息进行组合，组合部分既可以应用于特征层，也可以应用于决策层。动态贝叶斯网络被广泛应用于处理时间序列数据，更适合建模时态数据。

（3）基于估计的方法包括卡尔曼滤波、扩展卡尔曼滤波和粒子滤波融合方法。这些方法能够根据多模态数据来更好地估计运动目标的状态。卡尔曼滤波是一种常用的融合方法，它对动态的数据进行实时处理，并从具有一定统计意义的融合数据中得到系统的状态估计，适用于线性模型的系统，而扩展卡尔曼滤波更适用于非线性模型的系统。粒子滤波常用于估计非线性和非高斯状态空间模型的状态分布。

2. 多模态数据融合前沿方法

（1）基于池化的多模态数据融合方法是较为常用的一种方法，它通过计算视觉特征向量与文字特征向量两者的外积来创造联合表示空间，便于进行特征向量融合，以及多模态向量中所有元素之间的乘法交互。

（2）基于深度学习的多模态数据融合方法为目前融合领域的主流方法。算法中所使用的深度模型大致可以分为判别模型和生成模型。判别模型是直接对输入数据与输出数据之间的映射关系进行建模，通过最小化目标损失函数学习得到期望的模型参数，多用于多模态数据分类、视觉问答、行为识别等任务中；生成模型一般通过自编码器的编码与解码过程学习生成想要得到的数据，它能够学习和保留输入数据的显性语义信息，也可以通过无监督的方式进行训练。基于注意力机制的融合方法也属于深度学习，模型将注意力集中在特征图的特定区域或特征序列的特定时间步长上，可以提高整体性能与特征提取的可译性。

（3）基于图神经网络的多模态数据融合方法不仅适用于各个模态内的拓扑关系图建模，还适用于多个模态间的拓扑关系建模，能够传递更多的多模态数据信息，增强模型的可译性与最终结果。这种方法目前还属于前沿研究方向，需要进一步探索。

目前所提出的算法在实际应用中仍然存在一些问题，需要在之后的多模态数据融合技术中加以解决。这些问题主要包括三个方面：确定多个模态间的相似性，确定对不同模态的降维处理方式，在融合前对不同模态数据确定合适配准方式。为了在日常生活中更为便捷和频繁地使用多模态数据融合技术，仍需进行不断的探索和研究。

2.3.2 多模态数据检索

智能设备的普及以及大量网站的兴起改变了人们对世界的认知以及对信息的获取方式，信息检索显得尤为重要，多模态检索领域引起了越来越多研究者的兴趣。随着多模态数据的增长，对于用户来说，高效且准确地检索自己所感兴趣的信息是较为困难的。目前为止存在着许多以单一模态为基础的检索方法，如以文搜文、以图搜图，或者表面上是多模态搜索，实际上是以搜索关键词的形式在网络上的众多资源中查询请求最匹配的内容。图 2.21 所示为多模态检索实例，通过图像与文本间的相互检索，得到需要的文字信息或图像信息。

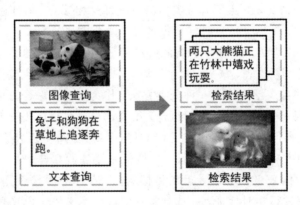

图 2.21　多模态检索实例

多模态检索能够以一种模态的数据作为请求，检索出最相关的另外一种模态形式的数据。由于不同模态的数据存在着巨大的异构差距，因此如何有效地度量不同模态数据的内容相似性成为了一大挑战。一旦能够寻找出最有效的方式进行度量，便可以得到更优的检索方案。因此，多模态检索的核心在于对不同模态信息之间的关系进行建模，检索是基于这种关系进行的，检索性能直接取决于建模的质量。研究者们采用了一些不同的策略在多模态数据之间建立关联，具体主要包括以下两种策略[17]。

第一种策略是学习一个多模态数据的共享层，基于共享层来建模各模态数据之间的关联。图 2.22 所示为基于共享层建模各模态之间的关联，左子图是一张图像及其文本描述。"油菜花"和"河水"不仅体现在图像中，也被描述在文字里，这是图像和文本两个模态都包含的共同部分；"春天"和"雾气"无法直接从图像中获取，因此这是文本模态特有的信息；"山脉"和"树木"只体现在图像中而无法从文本中获取，因此它们是图像模态特有的部分。右子图给出了一个基于集合的描述，左边的圆代表图像信息的集合，右边的圆代表了文本信息的集合，二者的交叉部分即为两个模态信息的公共部分。

图 2.22　基于共享层建模各模态之间的关联

第二种策略是将不同模态的数据经过抽象后都映射到一个公共的表示空间，在该表示空间中建立不同模态间的关联。图 2.23 所示为基于公共表示空间建立不同模态之间的关联，第一阶段是表示学习阶段，各个模态分别学习各自模态信息的表示，可以采用某种底

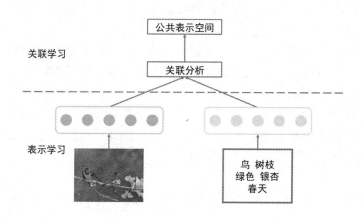

图 2.23　基于公共表示空间建立不同模态之间的关联

层特征，也可以是经过一些特征抽取所获得的抽象表示，不同模态可采用相同方法，也可采用不同的方法。第二阶段是关联学习阶段，这一步是把上一阶段获得的各模态的特征映射到一个公共的表示空间中，从而便于度量不同模态数据之间的相似性。

如今人们已经提出了许多的多模态检索方法，根据使用的算法技术可以分为传统方法与前沿方法。常用的传统方法包括基于典型相关分析法、基于偏最小二乘法、基于双线性模型法以及基于传统哈希的检索方法。前沿数据检索方法主要包括基于深度学习、基于哈希以及基于主题模型的检索方法。

1. 多模态检索传统方法

（1）基于典型相关分析法的多模态检索方法是跨模态检索最流行的传统方法之一。它的主要思想是优化统计值来学习线性投影矩阵，主要用于数据分析和降维，能够进行多个空间的联合降维。

（2）基于偏最小二乘法的多模态检索方法通过潜在变量对多种模态之间的关系进行建模。相比于典型相关分析法，还具备了去噪音、突出主要潜变量等其他优点，有利于优化基于相关性的跨模态信息检索的结果。

（3）基于双线性模型法的多模态检索方法使用双线性模型来学习近似解，不明确地描述问题的内在几何或物理现象，具有广泛的适用性。

（4）基于传统哈希的多模态检索方法解决了需要在大量的高维数据中检索出最相似数据的情况，而检索过程需要采用索引技术，其中哈希法是最为常用的一种方法。

2. 多模态检索前沿方法

（1）基于深度学习的跨模态检索方法主要利用深度学习的特征提取能力，通过卷积神经网络（Convolutional Neural Networks，CNN）等模型来学习多模态数据的非线性关系，在底层提取不同模态的有效表示，并在高层建立不同模态的语义关联。根据学习共同表示时所利用的标签信息，又可以将跨模态检索方法进一步分为无监督方法、基于成对数据的方法、基于排序的方法和有监督的方法四类。

（2）基于哈希的多模态检索方法为了找到数据不同模态之间的联系，将不同模态的数据通过哈希函数映射到一个共同的汉明空间，也就是把任意长度的输入转化为固定长度的输出，从而进行相似度检索。其中，数据依赖哈希（Data-Dependent Hashing，DDH）通过对数据集的学习来构造哈希函数，并凭借对数据敏感、查询速度快、占用内存小的优势成为基于哈希的图像检索算法的主流。

（3）基于主题模型的多模态检索方法是对多模态数据的隐含语义结构进行聚类的统计模型方法。它可以采用监督学习或非监督学习的方式进行，被广泛应用于文本挖掘、推荐系统、多模态检索等领域。

由于多模态检索技术所面对的数据充满着不确定性，有时模态间可能存在着极大的差异性，因此，多模态检索技术的未来研究难点是如何度量不同模态之间的相似性，找到最合适的检索算法，从而更加准确地进行检索。

本 章 小 结

本章主要介绍了多模态数据和多模态学习的主要研究内容。首先，根据模态数据的形式与来源差异，将多模态数据分为异构多模态数据和异源多模态数据，这些多模态数据能够科学地整合信息并提供多种形式的信息展现，从而取得更加直观生动的效果。然后，为了深入理解多模态数据，提出了多模态学习的概念。根据理论层面与应用层面可将多模态学习分为基于模型的多模态学习与基于任务的多模态学习。基于模型的多模态学习包括多模态表示学习与多模态协同学习，基于任务的多模态学习包括多模态转化任务、多模态融合任务和多模态检索任务。随后，通过对不同任务的研究进展和实际应用进行举例，归纳目前存在的难点问题，并据此提出了多模态学习未来的研究方向与目标。最后，简要介绍了多模态数据融合技术与多模态数据检索技术的相关概念与基础模型，并举例说明传统方法与前沿方法中的常用算法，在后面的章节中将对两种技术所用方法进行详细阐述与算法推导。

本章参考文献

[1] CHENG Y Q, LIU K, YANG J Y. A novel feature extraction method for image recognition based on similar discriminant function (SDF)[J]. Pattern Recognition, 1993, 26(1): 115 – 125.

[2] YAO B Z, YANG X, LIN L, et al. I2t: Image parsing to text description[J]. Proceedings of the IEEE, 2010, 98(8): 1485 – 1508.

[3] MAO J, HUANG J, TOSHEV A, et al. Generation and comprehension of unambiguous object descriptions[C]//Proceedings of the IEEE conference on computer vision and pattern recognition. 2016: 11 – 20.

[4] GRAVES A, MOHAMED A, HINTON G. Speech recognition with deep recurrent neural networks [C]//2013 IEEE international conference on acoustics, speech and signal processing. IEEE, 2013: 6645 – 6649.

[5] MÜLLER M. Dynamic time warping[J]. Information retrieval for music and motion, 2007: 69 – 84.

[6] ATREY P K, HOSSAIN M A, EL SADDIK A, et al. Multimodal fusion for multimedia analysis: a survey[J]. Multimedia systems, 2010, 16(6): 345 – 379.

[7] SHUTOVA E, KIELA D, MAILLARD J. Black holes and white rabbits: Metaphor identification with visual features[C]//Proceedings of the 2016 Conference of the North American Chapter of the Association for Computational Linguistics: Human Language Technologies. 2016: 160 – 170.

[8] LAZARIDOU A, BRUNI E, BARONI M. Is this a wampimuk? cross-modal mapping between distributional semantics and the visual world[C]//Proceedings of the 52nd Annual Meeting of the Association for Computational Linguistics (Volume 1: Long Papers). 2014: 1403 – 1414.

[9] ELLIOTT D, KELLER F. Image description using visual dependency representations [C]// Proceedings of the 2013 Conference on Empirical Methods in Natural Language Processing. 2013: 1292 – 1302.

[10] CAO Y, LONG M, WANG J, et al. Deep visual-semantic hashing for cross-modal retrieval[C]// Proceedings of the 22nd ACM SIGKDD International Conference on Knowledge Discovery and Data Mining. 2016: 1445 – 1454.

[11] MAO J, XU W, YANGY, et al. Deep captioning with multimodal recurrent neural networks (m-rnn)[J]. arXiv preprint arXiv: 1412. 6632, 2014.

[12] COUR T, JORDAN C, MILTSAKAKI E, et al. Movie/script: Alignment and parsing of video and

text transcription[C]//European Conference on Computer Vision. Springer, Berlin, Heidelberg, 2008: 158 – 171.

[13]　SUTSKEVER I, VINYALS O, LE Q V. Sequence to sequence learning with neural networks[C]// Advances in neural information processing systems. 2014: 3104 – 3112.

[14]　DENKOWSKI M, LAVIE A. Meteor universal: Language specific translation evaluation for any target language[C]//Proceedings of the ninth workshop on statistical machine translation. 2014: 376 – 380.

[15]　BALTRUŠAITIS T, AHUJA C, MORENCY L P. Multimodal machine learning: A survey and taxonomy[J]. IEEE transactions on pattern analysis and machine intelligence, 2018, 41(2): 423 – 443.

[16]　姚继鹏. 基于图文检索的多模态学习算法研究[D]. 西安: 西安电子科技大学, 2019.

[17]　冯方向. 基于深度学习的跨模态检索研究[D]. 北京: 北京邮电大学, 2015.

第三章　多模态数据融合

上一章主要阐述了多模态数据和多模态学习的分类与应用，并简要介绍了多模态数据融合和检索技术。本章将详细阐述多模态数据融合技术：3.1 节对多模态数据融合进行总体的介绍，包括多模态数据融合的背景与意义、国内外现状、多模态数据集介绍和性能评判准则；3.2 节对多模态数据融合的传统方法进行详细的介绍，包括基于规则的融合方法、基于分类的融合方法和基于估计的融合方法；3.3 节对多模态数据融合的前沿方法进行详细的介绍，包括基于池化的融合方法、基于深度学习的融合方法和基于图神经网络的融合方法；3.4 节介绍了多模态数据融合的发展方向。

3.1　多模态数据融合介绍

3.1.1　多模态数据融合背景及意义

人类是生活在多模态信息相互交融的环境中的，人们看到的实体、听到的声音、闻到的味道都是一种模态。人类平时做出的决策判断都是基于多种模态信息相互补充、共同合作而得到的推断。同时，人工智能在提高其智能水平的进程中必然要向模拟人类的感知的方向前进——即学会利用多模态数据相互融合进行决策判断，现代国内外人工智能的研究也正在朝着这个方向发展。图 3.1 为人工智能体利用多模态数据进行决策示例，智能体通过获取视频、图像、音频和文字等模态的相关信息后，可以完成语音识别、视频分类、智能推荐和情感分析等任务的处理。

图 3.1　人工智能体利用多模态数据进行决策示例

具体而言，在语音识别任务中，如果加入发音和唇部动作等多模态信息可以提高语音识别的准确率；在智能推荐场景中加入待推荐物品的图像和文本简介等多模态信息，对推荐的性能也有一定的提升；同样地，在机器情感分析任务中，共同利用文本加图像等多模态信息也可以提高分析的准确率。对于异源多模态数据，如将彩色图像和红外图像相融合，红外图像可减轻彩色图像在光线不充足环境下图像不清晰等问题，提高后续目标检测等任务的准确率。除此之外，多模态融合在视频分类、事件检测、跨模态翻译、跨媒体分析等场景下也有很重要的应用。

3.1.2　国内外现状

针对多模态数据融合这一研究方向，国内外有多个研究团队都对此进行了深入的探讨，本节将介绍其中一些著名的团队。

卡内基梅隆大学的 MultiComp 实验室在多模态融合方面的研究始于近十年前，他们提出了建模多模态数据中的潜在动态的概率图形模型[1]和处理多个视图之间的时间同步的条件随机场模型[2]等方法，并为多模态数据开发了新的深度神经网络表示[3-5]。MultiComp实验室还研究了视频字幕等翻译[6]问题，提出了用于数据校准的时间关注模型[7]和用于鲁棒融合的多视图递归网络[8]。

麻省理工学院媒体实验室的 Sentic 团队在多模态数据融合方面专注于多模态情感分析计算。多模态情感分析计算是从计算机科学到心理学，从社会科学到认知科学的交叉学科，旨在使智能系统能够识别、感觉、推断和解释人类的情绪。Sentic 团队提出了多模态情感分析的基准[9]准则，为多模态情感分析提出了张量融合网络[10]、上下文层次融合网络[11]、模糊常识推理[12]等先进的算法。同时，Sentic 团队发表的综述文章[13]从单模态分析到多模态融合的角度详细阐述了计算机情感分析的发展历程。

微软 AI 团队在多模态表示学习项目中也对多模态数据融合进行了大量研究，其研究内容主要集中于多模态预训练模型方向。对于图像与语言多模态预训练模型，微软 AI 团队提出了一个大规模多模态预训练模型：通用图像文字表示（Universal Image-Text Representations，UNITER）模型[14]，此模型能够为下游图像语言类任务提供可靠的预训练表示向量。对于视频与语言多模态预训练模型，微软 AI 团队提出了一个新的大规模预训练框架 HERO[15]。HERO 是在 HowTo100M 数据集和大规模电视数据集上联合训练得到的，能够在基于文本的视频检索、视频答疑、视频-语言推理和视频字幕等任务上发挥一定作用。

由安徽大学汤进教授领导的多模态智能计算团队专注于基于深度学习的异源多模态数据的智能计算，其研究内容包括基于深度学习的不同模态智能融合、跨模态匹配和生成以及相关问题和应用。其团队在光学与热红外图像两种模态数据融合进行目标追踪问题上进行了大量研究，构建了一个大规模视频基准数据集[16]，基于模态融合提出了多种先进的算法[17-19]。

3.1.3　数据集介绍

多模态融合技术作为一个具有广阔应用前景的研究方向，吸引着大量研究人员持续优化模型，提升多模态融合任务的性能。为了能充分训练模型，一些数据集被整理并公布出来。本小节将简单介绍四个常用的异构数据集及三个异源数据集，即 MVSA、Pinterest Multimodal、MELD 和 UTD-MHAD 异构数据集以及 Montalbano、Berkeley MHAD 和 SYSU-MM01 异源数据集。

1. MVSA 数据集

MVSA 数据集[20]是一个多视图情绪分析数据集，包含 20 392 组从推特中收集的带有人工注释的图文对样本。首先，为了收集有代表性的推文，该数据集的作者只将带有情感词汇标签的图文下载下来。这些情感词汇包括十个截然不同的类别（例如快乐和沮丧等），几乎涵盖了人类所有的感觉。然后，注释者给图像和文本分别标注上积极、消极和中立三种情绪。图 3.2 给出了 MVSA 数据集中三组图文对的实例，每一组图文对中间部分的两个图标分别代表对图像和文字的情绪注释，可以注意到图像和文本表达的情绪可能不一致，如第一组图文对注释者对图像的情绪注释为积极，而对文字的情绪注释为中性。

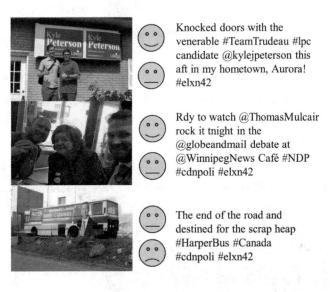

图 3.2　MVSA 数据集示例

2. Pinterest Multimodal 数据集

Pinterest Multimodal 数据集[21]可用于多模文字嵌入，此数据集是基于 Pinterest 图像库搭建的。Pinterest 是最大的网络图像库之一，此图像库的用户通常会给图像加上简短的描述，并与他人分享这些图像及其描述。由于给定的图像可以被多个（有时是数千个）用户共享和标记，所以大量图像具有非常丰富的描述集，这使得该数据源非常适合用于文本和图像输入的训练模型。因此本数据集的作者在 Pinterest 图像库的基础上构建了 Pinterest Multimodal 数据集，通过抓取 Pinterest 上的公开可用数据，构建 4000 多万张图像的数据集，并且每幅图像平均与 12 个描述句子相关联。图 3.3 给出了四组 Pinterest Multimodal 数据集中图像及其对应的描述示例，图像分别为草莓蛋糕、绿色花园、长发女士和图书馆，所对应的描述中含有更加丰富的信息。

3. MELD 数据集

MELD 数据集[22, 23]是一个对话情感识别的多模态数据集，包含文本、音频和视频模态。MELD 数据集有 1400 多个对话和 13 000 个来自《老友记》电视剧的话语。对话中的每

 This strawberry limeade cake is fruity, refreshing, and gorgeous! Those lovely layers are impossible to resist.

 This is the place I will be going (hopefully) on my first date with Prince Stephen. It's the palace gardens, and they are gorgeous. I cannot wait to get to know him and exchange photography ideas!

 Make two small fishtail braids on each side, then put them together with a ponytail.

 White and gold ornate library with decorated ceiling, ironwork balcony, crystal chandelier, and glass-covered shelves. (I don't know if you're allowed to read a beat-up paperback in this room.)

图 3.3　Pinterest Multimodal 数据集中图像及其对应的描述示例

句话都被标记为 7 种情绪中的任何一种——愤怒、厌恶、悲伤、喜悦、中立、惊讶和恐惧。与 MVSA 数据集类似，MELD 数据集对每句话都有积极、消极和中性三种情绪注释。

4. UTD-MHAD 数据集

UTD-MHAD 数据集[24]由 4 种模态数据共 861 个数据序列构成，主要应用于人体动作识别。这四种模态数据包括 RGB 视频、深度视频、骨骼位置照片和可穿戴惯性传感器的惯性信号。UTD-MHAD 数据集中共设置了 27 种人类动作，由 4 男 4 女共 8 个参与者完成，这些动作包括右臂向左滑动、胸前交叉双臂、投篮、由坐到站立、由站立到坐下等。图 3.4

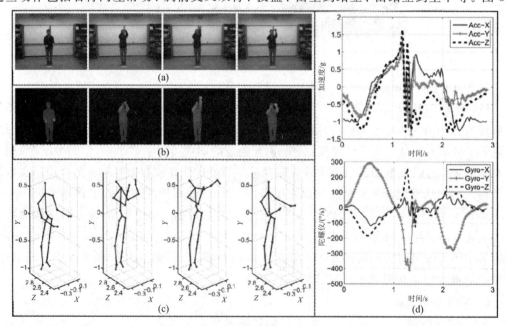

图 3.4　UTD-MHAD 数据集中投篮动作的示例

为 UTD-MHAD 数据集中投篮动作的示例。(a)为一组 RGB 图像,(b)为去掉背景的深度图像,(c)为骨骼位置帧,(d)为惯性信号。

5. Berkeley MHAD 数据集

Berkeley MHAD 数据集[25]同样是一个用于人体动作识别的数据集,数据集中的数据由 12 个 RGB 摄像头、2 个微软 Kinect 摄像头采集完成。该数据集由 12 个参与者通过 5 次重复执行的 11 个人类动作的 659 个数据序列组成。图 3.5 是 Berkeley MHAD 数据集中某位参与者的所有动作在 RGB 图像和深度图像中的示例,这些动作从左到右依次是跳跃、开合跳、弯曲、击打、挥舞双手、挥动一只手、鼓掌、投掷、坐下/站起来、坐下和站起来。

图 3.5　Berkeley MHAD 数据集中某位参与者所有动作示例

6. Montalbano 手势数据集

Montalbano 手势数据集[26]是一个意大利姿态数据集,每一位参与者在相机面前都会在说着意大利语的同时展示手势。这些手势共包括 20 组,由 27 位参与者完成。图 3.6 所示为 Montalbano 手势动作示例,本数据集共包括"走开""到这里来""完美""他很聪明""真讨厌""什么意思""合不来""你疯了""就像你做的那样""我什么都不想要""好的""我会对你做什么""不够""你想要吗""没有了""我饿了""很久以前""尝起来""他们同意了"和"我受够了"这些手势动作。图 3.7 为 Montalbano 数据集 4 种模态示例,本数据集共包含 4 种模态,分别为 RGB 图像、深度图像、用户掩图和骨骼模型。

7. SYSU-MM01 数据集

SYSU-MM01 是一个大规模的、常用的异源数据集[27]。该数据集主要包括 RGB 图像和红外图像两种模态。这些图像主要是在室内和室外环境中,由 4 个 RGB 相机和 2 个红外相机采集得到的。该数据集已划分成训练集和测试集,其中训练集包含 395 人的图像,其中 RGB 图像 22 258 张,红外图像 11 909 张。而测试集共有 96 人,有 3803 张红外图像用于查询。图 3.8 为 SYSU-MM01 数据集示例,展示了在室外与室内环境下从 RGB 相机与红外相机中拍摄的人物图像的效果。

表 3.1 对上述数据集进行了总结,由表可知本节所介绍的数据集中既包括了异构数据集也包括了异源数据集,每种数据集所包含的模态与样本数也各不相同,读者可以根据自己的研究兴趣进行自由选择,今后也会有越来越多的多模态融合数据集被提出。

图 3.6 Montalbano 手势动作示例

RGB   深度   用户掩图   骨骼模型

图 3.7 Montalbano 数据集 4 种模态示例

图 3.8 SYSU-MM01 数据集示例

表 3.1　多模态融合公开数据集总结

数据集	模　　态	样本数
MVSA	图像＋文本(异构)	20 392
Pinterest Multimodal	图像＋文本(异构)	10M
MELD	图像＋文本＋声音(异构)	1400
UTD-MHAD	RGB＋深度＋骨片模型＋惯性信号(异构)	861
Berkeley MHAD	RGB 视频＋深度视频(异源)	659
Montalbano	RGB＋深度＋用户掩图＋骨骼模型(异源)	13 858
SYSU-MM01	RGB 图像＋红外图像(异源)	303 420

3.1.4　性能评判准则

一般来说,多模态数据融合是为后续的任务进行服务的,这些任务有语音识别、智能推荐、视频分类、事件检测等。因此,多模态数据融合的性能评价准则也是由后续的任务所决定的,常见的有精准率与召回率以及点击率与规范化折扣累计增益,下面将分别进行介绍。

1. 精准率与召回率

在数据集样本中通常会含有正样本与负样本,模型将会对输入的样本进行判定,即判定输入的样本属于正样本或者负样本。精准率(Precision)表示判定为正的样本中有多少样本是真正的正样本,召回率(Recall)表示样本中的正样本有多少被判定正确。精准率与召回率的具体计算方式如下:

$$Precision = \frac{TP}{TP + FP} \qquad (3-1)$$

$$Recall = \frac{TP}{TP + FN} \qquad (3-2)$$

表 3.2 为 TP、FP、TN、FN 的含义解释。TP 表示真实类别为正样本,同时模型判定类别也为正样本的情况;FP 表示真实类别为负样本,而模型判定类别为正样本的情况;TN 表示真实类别为负样本,同时模型判定类别也为负样本的情况;FN 表示真实类别为正样本,而模型判定类别为负样本的情况。

表 3.2　TP、FP、TN、FN 含义解释

真实类别	模型判定类别	
	正样本	负样本
正样本	TP	FN
负样本	FP	TN

真正例率(True Positive Rate,TPR)和假正例率(False Positive Rate,FPR)的计算公式如下:

$$\begin{cases} \text{TPR} = \dfrac{\text{TP}}{\text{TP} + \text{FN}} \\ \text{FPR} = \dfrac{\text{FP}}{\text{TN} + \text{FP}} \end{cases} \qquad (3-3)$$

由上式可以看出，TPR 表示在真实的正样本集合中经过模型预测依然被判定为正样本的比率，FPR 表示在真实的负样本集合中被模型判定为正样本的比率。此外，常见的 AUC 指标是指受试者操作特性曲线(Receiver Operating Characteristic Curve，ROC)下的面积值。ROC 的纵坐标和横坐标分别是 TPR 和 FPR。

2. 点击率与规范化折扣累计增益

点击率(Hit Ratio，HR)和规范化折扣累计增益(Normalized Discounted Cumulative Gain，NDCG)是在典型的基于隐反馈的 top-N 推荐任务中常用的评测指标。其中 HR@N 用来度量测试集中的正例是否出现在 top-N 推荐列表里，其中 N 是一个超参数，具体的计算方式为

$$\text{HR@N} = \frac{\sum_{i=1}^{\text{NUM(user)}} co(i)}{\text{NUM(user)}} \qquad (3-4)$$

式中，$co(i)$ 表示测试集中保留的正例是否出现在用户 i 的 top-N 推荐列表里，若出现则值为 1，否则值为 0。NUM(user) 表示用户数目。

NDCG@N 除了考虑测试集中的正例是否出现在 top-N 推荐列表里，还考虑了测试集中的正例在 top-N 推荐列表中的位置，具体的计算方式为

$$\begin{cases} \text{NDCG@N} = \dfrac{1}{\text{NUM(user)}} \sum_{i=1}^{\text{NUM(user)}} hits(i) \\ hits(i) = \begin{cases} \dfrac{1}{\text{lb}(pos_i + 1)}, & co(i) = 1 \\ 0, & co(i) = 0 \end{cases} \end{cases} \qquad (3-5)$$

式中，pos_i 表示第 i 个用户的正例出现在 top-N 列表中的位置，$1 \leqslant pos_i \leqslant N$。

通过精准率与召回率以及点击率与规范化折扣累计增益等评价准则，可以对多模态融合模型的效果进行评判，同时这些评价准则也可以在模型设计或训练的过程中提供参考的依据。通常来说，精准率与召回率以及点击率与规范化折扣累计增益的值越高，代表模型的性能越好。

3.2　多模态数据融合传统方法

多模态数据融合已经有一段较长的研究历史，在 2010 年之前，研究的重点主要在特征级融合和决策级融合两个层面上。具体的方法又可以分为基于规则的融合方法、基于分类的融合方法和基于估计的融合方法。

3.2.1　基于规则的融合方法

基于规则的融合方法包括多种组合多模态信息的基本规则。这些方法包括基于统计规则的方法，如线性加权融合和多数投票。除了这些规则之外，还有针对特定应用构造的自

定义规则。如果不同模态之间具有较好的时间对齐质量,那么基于规则的融合方法通常能取得较好的表现效果。本节将介绍线性加权融合、多数投票和自定义规则三种基于规则的多模态数据融合方法及其代表性工作。

1. 线性加权融合

线性加权融合是一种最简单、应用最广泛的融合方法。在该方法中,从不同的模态中得到的信息是通过线性的方式进行组合的。这些信息可以是底层视频特征(如视频帧中的颜色和运动线索),也可以是高层语义级决策(如某些事件的发生)。

一般而言,线性加权融合要经历两个步骤:分数标准化和分数加权。本小节首先将会对这两个步骤进行介绍,然后再介绍一些采用线性加权融合的多模态融合方法。

1)分数标准化

在将不同模态中得到的信息进行线性融合前,需要考虑以下问题。问题一,不同模态输出的匹配分数可能是非同质的。比如:一种模态下的匹配器可能输出距离的度量值,而另一种模态下的匹配器可能输出临近的度量值。问题二,不同模态下的匹配器的输出也不必在相同的数字尺度或范围上。问题三,不同匹配器输出的匹配分数可能遵循不同的统计分布。

由于这些问题的存在,分数标准化对于在组合之前将单个匹配器的分数转换到一个公共域是至关重要的。分数标准化是指改变匹配分数分布在单个匹配器输出处的位置和尺度参数,将不同匹配器的匹配分数转换到一个公共域。常用的对分数进行标准化的方法有Min-max标准化、小数定标标准化(Decimal Scaling)、z值标准化、tanh估计器等多种方法。对于一个好的标准化方案,匹配分数分布的位置和尺度参数的估计必须具有鲁棒性和高效性。其中,鲁棒性是指对异常值的存在不敏感;高效性是指在已知数据分布的情况下,所得到的估计与最优估计的接近程度。

最简单的归一化技术是Min-max标准化[28]。Min-max标准化最适合于匹配器输出的分数的边界——即最大值和最小值已知的情况。

假设一组匹配分数为s_k,$k=1,2,\cdots,n$,则正则化分数的计算公式为

$$s_k' = \frac{s_k - \min}{\max - \min} \tag{3-6}$$

当从给定的匹配分数集估计最小值和最大值时,这种方法不是鲁棒的,因为该方法对用于估计的数据中的异常值高度敏感。Min-max标准化保留了分数的原始分布,并将所有的分数转化到一个公共范围[0,1]中。距离得分可以通过从1减去Min-max标准化得分转化为相似度得分。

当不同匹配器的分数在对数尺度上时,可以应用小数定标标准化方法。例如,一个匹配器的分数在[0,1]范围内,而另一个匹配器的分数在[0,1000]范围内,则可以应用下面的标准化方法:

$$s_k' = \frac{s_k}{10^n} \tag{3-7}$$

式中,$n = \lg\max(s_i)$。这种方法的缺点同样是缺乏鲁棒性,并且其假设不同匹配器的分数会随对数因子变化。

最常用的分数标准化技术是z值标准化,它是用给定数据的算术平均值和标准偏差进

行计算的。如果事先知道匹配器的平均分值和分值的变化情况，则该方案可以取得较好的效果。如果没有任何关于匹配算法性质的先验知识，那么就需要从一组给定的匹配分数中估计分数的平均值和标准差。其分数计算公式为

$$s_k' = \frac{s_k - \mu}{\sigma} \tag{3-8}$$

式中，μ 为算数平均值，σ 为标准差。但是，算术平均值和标准差对异常值都很敏感，因此，该方法同样不是鲁棒的。z 值标准化不能保证不同匹配器的标准化分数有一个共同的数值范围。如果输入分数不是高斯分布的，则 z 值标准化不会在输出时保留输入分布。这是由于事实上，算术平均值和标准差是最优位置和尺度参数的分布，只有高斯分布。对于任意分布，算术平均值和标准差分别是位置和尺度的合理估计，但不是最优的。

tanh 预测器正则化方法[29] 是由 Hampel 等人引入的，其兼具鲁棒性和高效性，公式如下：

$$s_k' = \frac{1}{2}\left\{\tanh\left(0.01\left(\frac{s_k - \mu_{\mathrm{GH}}}{\sigma_{\mathrm{GH}}}\right)\right) + 1\right\} \tag{3-9}$$

式中，μ_{GH} 和 σ_{GH} 分别是 Hampel 估计器给出的真实分数分布的平均值和标准差估计。Hampel 估计器是基于 ψ 影响函数的，即

$$\psi(u) = \begin{cases} u, & 0 \leqslant |u| < a \\ a \cdot \mathrm{sign}(u), & a \leqslant |u| < b \\ a \cdot \mathrm{sign}(u) \cdot \dfrac{c - |u|}{c - b}, & b \leqslant |u| < c \\ 0, & |u| \geqslant c \end{cases} \tag{3-10}$$

在估计位置和尺度参数的过程中，ψ 影响函数降低了分布末端点（由 a、b、c 确定）的影响。因此，该方法对异常值不敏感。如果减少大量尾部点的影响，则估计器具有更强的鲁棒性，但却降低了高效性。另一方面，如果多个尾点影响估计，则估计不鲁棒，但效率提高了。因此，参数 a、b 和 c 必须根据所需的鲁棒性来仔细选择，而鲁棒性又取决于对可用训练数据中对噪声量的估计。

鉴于以上分析，当单个模态的匹配分数（Min-max 标准化的最小值和最大值，小数定标标准化的最大值，z 值的平均值和标准偏差）可以容易地计算时，首选 Min-max 标准化、小数定标标准化和 z 值标准化。但是这些方法对异常值很敏感。tanh 估计器标准化方法同时具有鲁棒性和高效率，但需要通过训练对参数进行估计。

2）分数加权

对分数进行标准化之后，便可对分数进行加权，完成线性融合。线性融合的一般方法可以表示为

$$I = \sum_{i=1}^{n} w_i \times I_i \tag{3-11}$$

$$I = \prod_{i=1}^{n} I_i^{w_i} \tag{3-12}$$

式中，$I_i(1 \leqslant i \leqslant n)$ 表示从第 i 个媒体源（如音频、视频等）获得的特征向量或从第 i 个分类器获得的决策；$w_i(1 \leqslant i \leqslant n)$ 表示第 i 个媒体源或第 i 个分类器的标准化权重。这些向量（假设它们具有相同的维数）通过使用求和或求积的方式进行组合，并由分类器使用以提供高

级决策。

与其他方法相比，这种方法的计算成本较低。然而，一个融合系统需要确定和调整权重，以最优的融合方式来完成一项任务。

3）线性加权融合方法举例

在传统的多模态数据融合过程中，有多位研究人员采用特征级的线性融合方法来执行各种多媒体分析任务。该方法既可以用于异构多模态数据，也可以用于异源多模态数据。本节将简要介绍三种用于异构多模态数据的线性加权融合方法和一种用于异构多模态数据的线性加权融合方法。

Neti 等人通过研究如何将视觉线索和音频信号组合起来，来提升自动机器识别的效果[30]。他们从音频特征（如音素）和视觉特征（如发音嘴型）中获得说话人识别和语音事件检测的单独决策，然后采用线性加权和的策略来融合这些单独的决策。同时该方法的研究人员使用训练数据来确定不同模态的相对可靠性，并相应地调整它们的权重。图 3.9 为该项工作中所使用的音视频融合构架示意图，首先通过视频传感器和音频传感器从环境源中获得视频模态和音频模态信息，然后对视频模态和音频模态信息进行采样和特征转换，并将视频特征和音频特征分别传入到分类器中进行决策，最终将决策结果传入到决策引擎中进行视频模态和音频模态线性加权融合。在这一过程中不可避免地会引入视频噪声和音频噪声，需要根据置信度在决策引擎中对视频模态的决策和音频模态的决策施加不同的权重进行综合考虑。

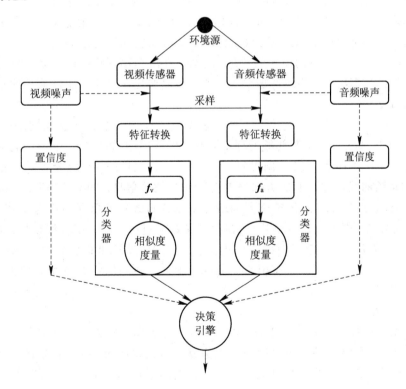

图 3.9　Neti 等人所使用的音视频融合构架示意图

在另一项研究中，Lucey 等人提出了随机二次分类器用于对口语单词的识别[31]。该随

机二次分类器使用了线性加权的融合策略。图 3.10 为该随机二次分类器的判决过程示意图。首先单词识别器模块分别对音频和视频数据进行处理，得到分别的判决值，然后再根据音频数据的判决值 $\hat{P}_r(\omega|A)$ 以及视频数据的判决值 $\hat{P}_r(\omega|V)$ 的对数概率对单词进行二次判决。值得注意的是，这些判决是通过设定权重 α 来进行融合的。为了确定两个决策分量的权重，Lucey 等人选择了 0、0.5 或 1 这些离散值。

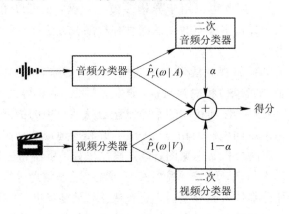

图 3.10　随机二次分类器判决过程示意图

　　Iyengar 等人提出通过在决策层面采用线性加权和以及线性加权乘积两种方法融合多种模态（人脸、语音和它们之间的同步评分）的方法[32]。该方法的目的是用于独白的检测。考虑语音和语音特征的局部高斯分布，根据语音和语音之间的互信息（互信息是一种模态的信息传递给另一种模态的信息多少的度量）来计算人脸和语音之间的同步或相关性。此方法在训练阶段就确定了不同模态的权重。另外，在融合不同模态时，该方法的研究人员发现对于它们的数据集，使用线性加权和的融合策略要比使用线性加权乘积的融合策略更有利于结果。

　　此外，Foresti 和 Snidaro 设计了一种用于视频监控的分布式传感器网络（Distributed Sensor Network，DSN）[33]，其能够管理不同种类的传感器（如光学、红外、雷达等），以便在昼夜和不同天气条件下（如雾、雨等）运行。为了达到此目的，在此分布式传感器网络中使用了上文介绍的线性加权和的方法来融合物体的轨迹信息。图 3.11 所示为该分布式传感器网络构架示意图。首先，该传感器网络对来自分布式传感器网络中每个传感器（如光学传感器、红外传感器、雷达传感器）的视频图像数据进行处理，用于移动目标检测（例如一个斑点）。一旦从所有传感器中提取斑点位置，它们的轨迹坐标将以线性加权的方式平均，以估计斑点的正确位置。Foresti 和 Snidaro 还为不同的传感器分配了权重，但是，这些权重的确定留给了使用者来决定。

　　2. 多数投票

　　多数投票是加权组合的一种特殊情况，其所有分类器的权重都是相等的。在基于多数投票的融合中，最终的决策是大多数分类器达成相同或相似的决策。特别的，对于二分类任务，分类器的数量必须是奇数且大于两个的。例如，Radova 和 Psutka 等人提出了一种使用多分类器的结果进行多数投票的说话人识别系统[34]。在此系统中，来自说话人的原始语音样本被视为特征。从语音样本中，为每个说话人识别出一组模式。该模式通常包含一个由几个元音组成的当前话语。每个模式由两个或两个以上不同的分类器分类。在获得所

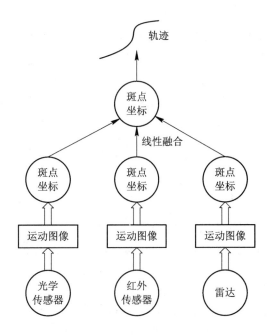

图 3.11 分布式传感器网络构架示意图

有分类器的输出的分值后,采用投票的机制,将大多数分类器认同的结果作为未知说话人的身份。

3. 自定义规则

与上述使用标准统计规则的方法不同,Pfleger 等人提出了一种基于生成规则的决策级融合方法[35],用于集成来自手写字母和语音模态的输入。在这种方法中,每一种输入模态都可以用其使用的上下文解释,这些上下文是根据先前识别的属于同一用户的输入事件和对话状态来确定的。生成规则包含同步规则、多模态事件解释规则和单模解释规则,它们共同发挥作用以促进融合过程。首先,同步规则用于跟踪单个识别器(如语音识别器)的处理状态,在等待识别结果时,不触发其他的规则以确保同步。其次,使用多模态事件解释规则来确定哪些输入事件需要集成。此外,由于识别或解释错误可能会产生冲突事件,这些冲突事件可以通过获得最高分的事件来解决。最后,当一个识别器没有产生任何有意义的结果时,采用单模解释规则,例如一个识别器运行超时时,会导致基于单一模态的决策。

在文献[36]中,Holzapfel 等人展示了一个使用自定义规则的多模态集成方法的例子。他们将语音和 3D 指向手势进行融合,作为和厨房里的机器人进行自然互动的一种方式。多模态融合的过程是基于每个事件判决器所生成的 n 个最佳决策列表,然后在决策级进行融合。

除了视频、音频和手势,其他模态(如字幕文本等)也被用于多个应用,如团队运动视频中的视频索引和内容分析。基于此,Babaguchi 等人在文献[37]提出了一种基于知识的多模态融合技术,利用广播视频流的字幕文本,根据视频镜头之间的时间对应关系对视频镜头进行索引。该方法提取字幕文本特征作为关键词,提取视频特征得到时间变化信息,最后使用后期融合策略来融合文本和视觉模态。

基于规则的融合方法优缺点对比如下：

在基于规则的融合类别中，线性加权融合方法被研究人员广泛使用。这是一种简单且计算成本较低的方法。在适当地确定不同模态的权重时，该方法表现良好，但这也是使用该方法的一个主要问题。在已有的文献中，线性加权融合方法已被用于人脸检测、人体跟踪、独白检测、语音和说话人识别、图像和视频检索以及人物识别等诸多领域。另一方面，使用自定义规则的融合具有根据需求添加规则的灵活性。但是，一般来说，这些规则是特定于某个领域的，定义规则需要对该领域有适当的了解。该方法广泛应用于多模态对话系统和运动视频分析领域。

3.2.2 基于分类的融合方法

基于分类的融合方法包括一系列分类技术，这些技术已用于将多模态观测的结果分类为一种预定义的类。这类方法有支持向量机、贝叶斯推断、D-S理论、动态贝叶斯网络和最大熵模型等。

1. 支持向量机

支持向量机(Support Vector Machine，SVM)是一个功能强大并且全面的机器学习模型，它能够执行线性或非线性分类、回归等任务。具体来说，在多媒体领域，支持向量机被用于包括特征分类、概念分类、人脸检测、文本分类、模态融合等不同任务。从多模态融合的角度来看，支持向量机用于解决模式分类问题。本节将首先从线性支持向量机和非线性支持向量机角度介绍支持向量机的核心概念，然后再介绍基于支持向量机的多模态数据融合方案。

1) 线性支持向量机

图3.12三种线性分类器示例和图3.13大间隔分类示例可以形象地解释支持向量机的基本思想。图3.12和图3.13所示的数据分布位置是相同的，其中菱形块代表A类数据，方形块代表B类数据，可以看出A类数据和B类数据是线性可分离的。图3.12中的两条

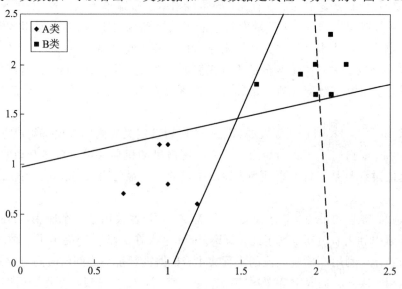

图 3.12 三种线性分类器示例

实线和一条虚线展示了三种可能的线性分类器的决策边界。两条实线所代表的线性支持向量机分类器可以正确地将 A、B 两类数据区分开来，只是它们的决策边界与实例过于接近，当有新的实例出现时，可能会出现分类错误。虚线代表的线性分类器没有对 A、B 两类数据进行正确的分类。相比之下，图 3.13 中实线所代表的线性支持向量机分类器不仅将 A、B 两类数据分开，而且尽可能远离最近的训练实例。线性支持向量机分类器可以视为在类别之间拟合可能的最宽的街道（平行的虚线所示）。因此这也被称为大间隔分类（Large Margin Classification）。决策边界是完全由街道边缘的实例所决定的，这些实例被称为支持向量，非支持向量的实例（也就是街道之外的实例）对于决策是完全没有任何影响的，即可以选择删除它们然后添加更多的实例，或者是将它们移开，只要一直在街道之外，它们就不会对决策边界产生任何影响。

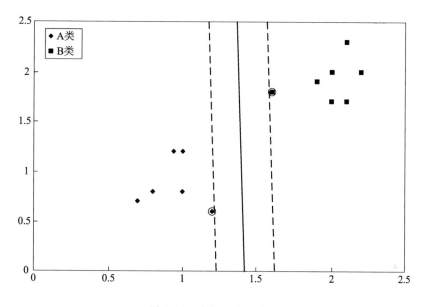

图 3.13　大间隔分类示例

　　如果严格地让所有实例都不在街道上，并且位于正确的一边，这就是硬间隔分类。硬间隔分类主要存在两个问题：首先，它只在数据是线性可分离的时候才有效；其次，它对异常值非常敏感。对图 3.12 和图 3.13 中的数据进行修改，添加了某些异常值数据，根据添加的异常值数据的分布不同，得到图 3.14 和图 3.15 的数据分布。图 3.14 中的异常数据导致线性分类器找不到硬间隔，而图 3.15 最终显示的决策边界与图 3.13 中的无异常值时的分类器的决策边界也大不相同，导致该硬间隔分类器无法很好地泛化。要避免这些问题，最好使用更灵活的模型。目标是尽可能在保持街道宽阔和限制间隔违例（即位于街道之上，甚至在错误的一边的实例）之间找到良好的平衡，这就是软间隔分类。

　　2）非线性支持向量机

　　之前的讨论是基于样本实例是线性可分的假设的，但现实中，原始的样本空间也许并不存在一个能正确划分两类样本实例的平面。如图 3.16 所示，此原始样本空间只有一个特征 x，此样本空间中的 A、B 两类数据不是线性可分的。

　　对于这种问题，可通过添加更多特征的方式，将原始样本空间映射到更高维的空间，使得在这个空间中样本实例是可分的，如图 3.17 所示，添加了第二个特征 y，并令 $y=x^2$，

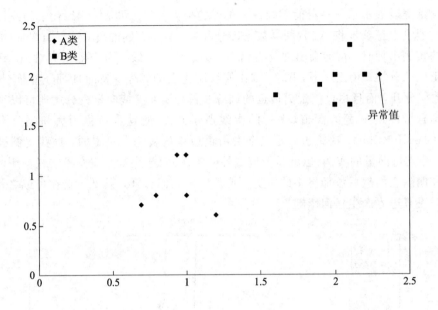

图 3.14　添加异常值后数据分布示意图 1

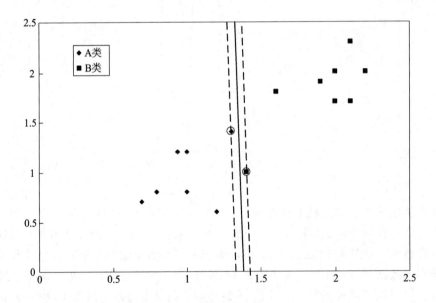

图 3.15　添加异常值后数据分布示意图 2

在此高维的样本空间中，A、B 两类样本实例便可完全线性分离（在图中被虚线所代表的分类器所分离）。

　　上面是一个简单的利用核技巧将低维样本空间映射到高维样本空间的实例，常用的核函数有线性核、多项式核、高斯核、拉普拉斯核、sigmoid 核，或者是这些核函数的组合。这些函数的区别在于映射方式的不同。通过这些核函数，可以将样本空间投射到新的高维空间中。

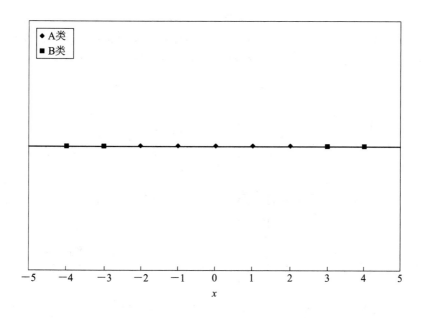

图 3.16　一维原始样本空间示意图

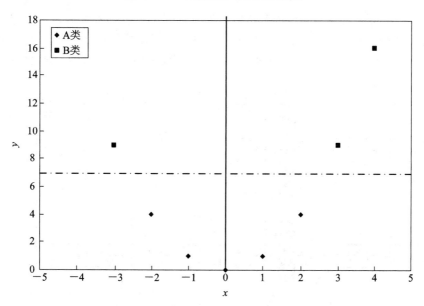

图 3.17　二维样本空间示意图

3）基于支持向量机的多模态数据融合方案

大量已有文献使用了基于支持向量机的融合方案。此处将会在视频、音频和文本三种模态融合、视频和文本两种模态融合、图像和文本两种模态融合的三类多模态融合场景中，分别采用基于支持向量机的融合方案进行介绍。

Adams 等人采用了一种后期融合的方法，利用视频、音频和文本三种模态来检测视频中的语义概念（例如天空、火烟等）[38]。该方案利用所有概念分类器的得分，构造一个向量作为语义特征传递给支持向量机进行分类。图 3.18 为该基于支持向量机的多模态数据融合方案示意图。支持向量机在对音频、视频和文本得分进行分类之前，将所有概念分类器的得分合并到一个高维向量中。图 3.18 中的三角形和圆圈分别表示两个语义概念。此外，Iyengar 等人采用了类似的方法在视频中进行了概念检测和标注[39]。

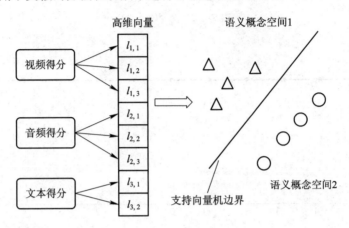

图 3.18　Adams 等人基于支持向量机的多模态数据融合示意图

Ayache 等人提出了一种核融合方案[40]来使用视频和文本等模态信息对多媒体资源进行语义索引。图 3.19 为基于支持向量机的核融合方案示意图，该方案可以首先根据不同的模态特征选择不同的核函数，例如文本模态可以首先使用字符串核[41]或词序列核[42]来进行分类；其次，使用融合函数 f 合并单模态核，以创建多模态核；最后，通过学习和分类步骤输出一个分类分数。

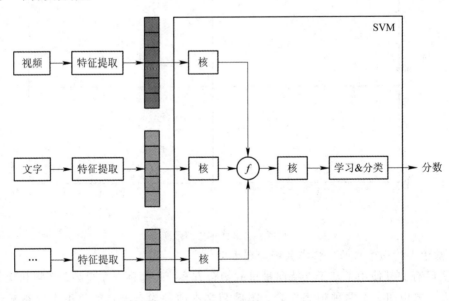

图 3.19　基于支持向量机的核融合方案示意图

在图像分类领域，Zhu 等人提出了一种基于支持向量机的多模态融合框架[43]，用于对空间坐标内嵌入文本的图像进行分类。图 3.20 为该基于支持向量机的图像文本融合框架示意图，展示了该框架进行融合的过程。该融合框架聚合过程遵循两个步骤：

（1）采用词袋模型对低层视觉特征进行分析来对给定图像进行分类，同时，文本检测器利用文本的颜色、大小、位置、边缘密度、亮度、对比度等特征发现图像中存在的文本行；

（2）使用成对的支持向量机分类器将视觉特征和文本特征融合在一起。

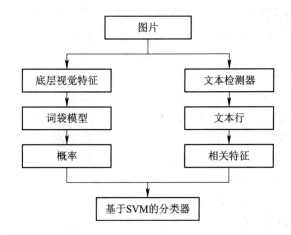

图 3.20　基于支持向量机的图像文本融合框架示意图

2. 贝叶斯推断

贝叶斯推断方法根据概率论的规则对多模态信息进行组合，既可以应用于早期融合，也可以应用于晚期融合。该方法的基本原理是组合从多种模态得到的观测或从不同分类器得到的决策，然后推导出一个观测或决策的联合概率的推论。

下面简要介绍贝叶斯推断融合方法。若要融合从 n 种不同的模态获得特征向量或决策 $(I_1, I_2, \cdots, I_n)$，假设这些模态是统计独立的，那么基于融合特征向量或融合决策的假设 H 的联合概率可计算为

$$p(H \mid I_1, I_2, \cdots, I_n) = \frac{1}{N} \prod_{k=1}^{n} p(I_k \mid H)^{w_k} \qquad (3-13)$$

式中，N 用于正则化后验概率估计 $p(H \mid I_1, I_2, \cdots, I_n)$。$w_k$ 表示第 k 种模态的权重，且 $\sum_{k=1}^{n} w_k = 1$。对所有可能的假设 E 计算后验概率。根据最大后验概率估计，估计的假设 $\hat{H}$ 取最大概率的值，即 $\hat{H} = \text{argmax}_{H \in E} p(H \mid I_1, I_2, \cdots, I_n)$。

贝叶斯推断方法具有以下几种优点：

（1）基于新的观察结果，可以逐步计算出假设成立的概率；

（2）允许任何关于假设的可能性的先验知识在推理过程中被利用，新的观测或决策用于更新先验概率，以计算假设的后验概率；

（3）在缺乏经验数据的情况下，这种方法允许对先验假设使用主观的概率估计。

贝叶斯推断方法的这些优点在某些情况下也有局限性。贝叶斯推断方法需要先验和假设的条件概率被很好地定义。那么在没有任何合适的先验知识的情况下，贝叶斯推断方法的表现便不是很好。例如，在手势识别的场景中，有时很难对两个伸出的手指形成的 V 字形手势进行分类。因为这个手势既可以解释为胜利的标志，也可以解释为数字二的标志。在这种情况下，由于这两个类的先验概率都是 0.5，贝叶斯方法将提供不明确的结果。贝叶斯推断方法的另一种限制是，其不适合处理一般不确定性的事务，即意味着在任何给定

的事件中，贝叶斯推断得出的结果中只有其中一个假设是正确的。例如，贝叶斯推断方法将人的跑步和步行两个事件相互排斥，而不能处理人的快走或慢跑这样的模糊事件。

贝叶斯推断方法已成功用于多模态信息融合，其在多模态融合的早期阶段、中期阶段和后期阶段均有应用，以完成各种多媒体分析任务。下面将对这些工作进行简单介绍。

Atrey 等人在中期融合层次都采用了贝叶斯推断融合方法[44]。图 3.21 为该贝叶斯推断融合方法工作流程示意图。该方法共分为四个步骤：

（1）n 个传感器从外部环境中获取数据，得到 n 个媒体流。

（2）n 个媒体流处理器分别从其对应的媒体流中提取特征，得到 n 个媒体流特征。

（3）进行媒体流级同化，即将一个媒体流的所有可用特性组合起来。其中，事件检测器采用贝叶斯推断的融合方法根据组合特征来做出原子事件（例如某人站立、行走、奔跑的动作）的决策，即原子事件在此模态下发生的概率。在需要时，它们还会利用环境信息，例如监测空间的几何形状、传感器的位置、方向和覆盖空间等。

（4）进行事件合成级同化，通过原子事件发生的概率来计算合成事件的发生的概率，当其概率大于某个阈值时，则判断该事件发生，否则为未发生。

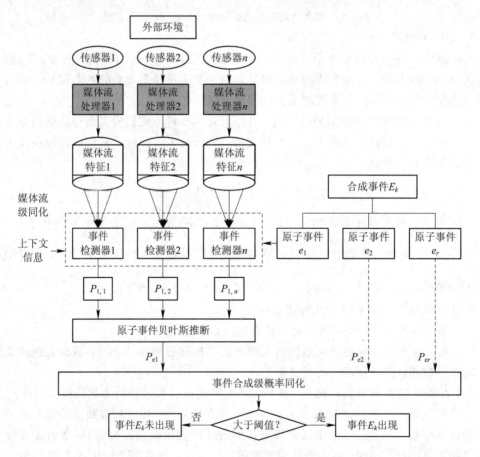

图 3.21　Atrey 等人的贝叶斯推断融合方法工作流程示意图

在早期融合层面，Pitsikalis 等人采用贝叶斯推断方法对视觉特征和听觉特征向量进行组合[45]。音频特征向量包括 13 个静态梅尔频率倒谱系数及其衍生物，视觉特征向量由 6

个形状和 12 个纹理特征拼接而成。基于组合特征,计算语音段的联合概率。在这项工作中,Pitsikalis 等人还提出了建立噪声不确定度测量的模型。

在后期融合层面,Meyer 等人融合了从语音和视觉模态获得的决策[46]。其方法共分为三个步骤:

(1)从语音中提取梅尔频率倒谱系数特征,从说话人的脸部提取嘴唇轮廓特征;

(2)利用隐马尔可夫模型分类器分别对这两种特征进行概率分类,得到单独的决策;

(3)使用贝叶斯推断方法融合这些概率估计值来估计语音数字的联合概率。

与这项工作类似,Xu 和 Chua 也使用贝叶斯推断融合方法来整合运动视频中检测到的偏移和非偏移事件的概率决策[47]。通过融合视听特征、文本线索和领域知识以及使用隐马尔可夫模型分类器来检测这些事件。在这项工作中,他们已经证明贝叶斯推断的准确性与基于规则的方案相当。

3. D-S 理论

虽然贝叶斯推断融合方法允许不确定性建模(通常采用高斯分布),但一些研究人员更倾向于使用 Dempster-Shafer 证据推理法(简称 D-S 理论)[48],因为它使用置信值和似真值来表示证据及其对应的不确定性。此外,D-S 理论方法对贝叶斯理论进行了推广,放宽了贝叶斯推断方法对假设相互排斥的限制,从而能够为假设的并集分配证据。(在证据理论中,证据指的是人们分析命题求其基本可信度所依据的事物的属性和客观环境,还包括人们的经验、知识和对该问题所做的观察和研究。)

D-S 推理系统是基于"识别框架"的基本概念的,该框架包含着一个具有所有可能的相互排斥的假设的集合 Θ。每个假设是由可信度(Belief)和似真度(Plausibility)所确定的。图 3.22 所示的可信度和似真度示意图为可信度和似真度的一个简单解释。可信度是指一个假设被检测为真时的置信下限,其约为所有支持假设的证据的总和;而似真度则表示该假设可能为真可能性的上限,即去掉所有反对假设的证据的剩余的部分。每一个假设 $H \in P(\Theta)$

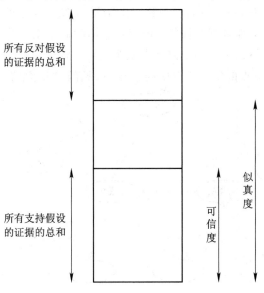

图 3.22 可信度与似真度示意图

都会被分配一个概率，即基本可信数 m：$P(\Theta) \rightarrow [0, 1]$，基本可信数 m 反映了对于假设本身（而不去管它的任何真子集与前因后果）的可信度大小。关于假设的判决是由可信度和似真度所限定的置信区间来衡量的。

当存在多个独立模态时，利用 D-S 理论规则可以对它们进行融合。准确地说，假设 H 的基本可信数基于两个模态 I_i 和 I_j，则可以由下面的公式进行计算。

$$m(H) = (m_i \oplus m_j)(H) = \frac{\sum\limits_{I_i \cap I_j = H} m_i(I_i) m_j(I_j)}{1 - \sum\limits_{I_i \cap I_j = \varnothing} m_i(I_i) m_j(I_j)} \qquad (3-14)$$

式中，m_i 和 m_j 分别为模态 I_i 和 I_j 的基本可信数。

使用 D-S 融合方法来进行多模态融合任务的代表性工作如下：

Bendjebbour 等人提出利用 D-S 理论融合雷达图像中有云和无云两个区域的基本可信数[49]。他们在特征层和决策层两个层次上进行融合。在特征层，以像素强度作为特征，计算并融合基于两个传感器像素的基本可信数；在决策层，利用隐马尔可夫模型分类器得到的关于一个像素的决策作为基本可信数，然后对隐马尔可夫模型输出进行组合。与这项工作类似，Mena 和 Malpica 也使用了 D-S 理论融合方法对彩色图像进行分割，用于从地面、航空或卫星图像中提取信息[50]。他们从单个像素、成对的像素、一组像素中提取同一幅图像的信息，然后利用 D-S 证据融合策略对基于位置分析的证据进行融合。

Guironnet 等人从 TREC 视频[52]数据中提取颜色或纹理等低层特征描述符，并使用支持向量机分类器根据每个描述符识别预定义的概念（如"海滩"或"道路"）[51]。支持向量机分类器输出采用 D-S 融合方法进行集成，他们称之为可转移信度模型（Transferable Belief Model）。在生物特征学领域，Reddy 将 D-S 理论用于融合手势传感器和脑计算接口传感器两个传感器的输出[53]。融合结果表明，D-S 融合方法有助于解决传感器的模糊问题。

4. 动态贝叶斯网络

贝叶斯推断可以扩展成网络结构（或称为图结构），图结构中的节点表示不同类型的随机变量（观察值或状态），如音频和视频；边表示它们的概率相关性。图 3.23 为静态贝叶斯网络示例，用贝叶斯网络描述了一个讲话者检测问题，显示了节点之间的依赖关系，"讲话者"节点的值由"凉亭"节点的值及三个中间节点"可见的""正面的"和"讲话"的值确定，而

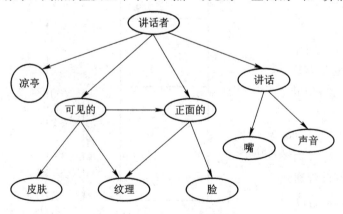

图 3.23　静态贝叶斯网络示例

这些中间节点的值又是由度量节点"皮肤""纹理""脸""嘴"和"声音"所推测出来的。然而，该网络是静态的，这意味着这个例子只是描述了某一特定时刻的状态。

当为贝叶斯网络加入时间维度时，其工作方式转变为动态贝叶斯网络（Dynamic Bayesian Network，DBN）。图 3.24 为动态贝叶斯网络示例。动态贝叶斯模型根据生成数据的过程来描述观察到的数据的概率分布，因此动态贝叶斯网络也被称为概率生成模型。此外，由于它们具有图形表示，因此也被称为图形模型（Graphical Model）。虽然动态贝叶斯网络有不同的名称，但动态贝叶斯网络最流行、最简单的形式是隐马尔可夫模型。

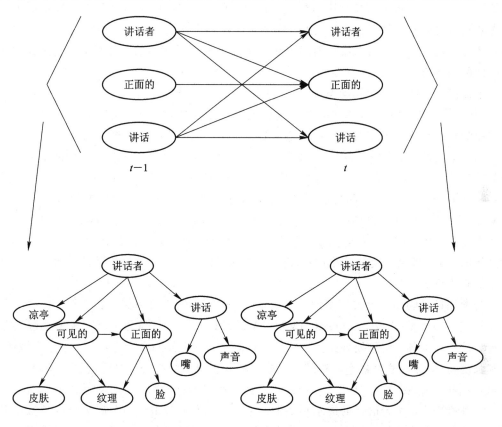

图 3.24　动态贝叶斯网络示例

隐马尔可夫模型用来描述一个含有隐含未知参数的马尔可夫过程。其难点是从可观察的参数中确定该过程的隐含参数，然后利用这些参数来做进一步的分析。在正常的马尔可夫模型中，状态对于观察者来说是直接可见的，这样状态的转换概率便是全部的参数。而在隐马尔可夫模型中，状态并不是直接可见的，但受状态影响的某些变量则是可见的。每一个状态在可能输出的符号上都有一概率分布。因此输出符号的序列能够透露出状态序列的一些信息。图 3.25 为隐马尔可夫模型的状态迁移过程示意图。

图中 $x(t)$ 表示在 t 时刻的隐藏变量，是观察者无法得知的变量。而 $y(t)$ 表示在 t 时刻观测的结果。如果假设观测到的结果为 Y，即 $Y=y(0)$，$y(1)$，$\cdots$，$y(L-1)$。隐藏条件为 X，即 $X=x(0)$，$x(1)$，$\cdots$，$x(L-1)$，则马尔可夫模型的概率为：$P(Y) = \sum_{Y} P(Y \mid X)P(X)$，可见马尔可夫模型将该时间点前后的信息都纳入考量。

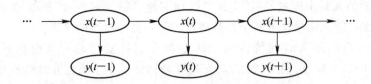

图 3.25　隐马尔可夫模型的状态迁移过程示意图

　　动态贝叶斯网络类的方法与其他方法相比，有两个方面具有明显的优势。首先，它们能够对节点之间的多个依赖项进行建模。其次，利用动态贝叶斯网络可以很容易地集成多模态数据的时间动态情况。这些优点使它们适合于需要使用时间序列数据执行决策的各种多媒体分析任务。虽然动态贝叶斯网络是非常有益和广泛使用的，但如何确定正确的动态贝叶斯网络状态往往是一个难点。

　　下面简要介绍一些使用动态贝叶斯网络的代表性工作。

　　Wang 等人使用隐马尔可夫模型对视频镜头进行分类[54]。从每个视频帧中提取音频特征和视觉特征作为隐马尔可夫模型的输入数据。视觉特征指的是灰度直方图差以及平移和缩放两个运动特征，音频特征为 12 维倒谱向量。该方法使用单个动态贝叶斯网络来处理联合的视听特征，而 Nefian 等人使用了耦合隐马尔可夫模型（Coupled Hidden Markov Model，CHMM）[55]，它是隐马尔可夫模型的泛化。耦合隐马尔可夫模型允许主干节点进行交互，同时拥有自己的观察结果。耦合隐马尔可夫模型适用于需要集成两个或多个流的多模态场景。在这项工作中，Nefian 等人对音频特征（梅尔频率倒谱系数）和视觉特征（嘴唇区域的 2D 离散余弦变换系数）的状态异步建模，同时保持它们时间的相关性。该方法可用于语音识别。

　　与使用耦合隐马尔可夫模型的 Nefian 等人的工作不同，Bengio 在特征级别提出了异步隐马尔可夫模型（Asynchronous HMM，AHMM）[56]。异步隐马尔可夫模型是隐马尔可夫模型的一种变体，用于处理异步数据流。对描述同一事件的异步序列、语音流和视频（形状和强度特征）流的联合概率分布进行建模。该方法用于生物特征身份验证。Nock 等人在文献[57]和[58]的工作中使用了一组经过音频和视频数据的联合序列训练的隐马尔可夫模型。使用的特征是基于语音的梅尔频率倒谱系数特征和视频中人脸嘴唇区域的离散余弦变换系数特征。在连续的时间实例中，将联合特征输入到隐马尔可夫模型中，以确定讲话者的位置。该方法的研究人员还计算了两种特征之间的互信息，并分析了互信息对说话人整体位置结果的影响。与这项工作类似，Beal 等人使用图形模型融合视频音频信息，用于在一个杂乱、嘈杂的环境中跟踪一个移动物体[59]。他们通过计算音频和视频的相互依赖性来共同建模，并用期望最大化算法来从一系列视频音频数据中学习模型参数。

　　值得注意的是，上述所有工作都假定了其所用的多模态数据的都遵循高斯分布。与这些工作不同的是，Fisher 等人提出了一种无参数方法来学习音频和视频特征的联合分布[60]。他们为了最大化映射随机变量之间的互信息，而估计了低维子空间上的线性投影。该方法被应用于音频、视频定位。虽然无参数方法没有任何参数假设，但由于该方法的结果是一个待定方程组，所以此方法经常会遇到实现的困难。这就是为什么参数化方法是首选方法的原因。基于这一原理，Noulas 等人也提出了一种用于人脸跟踪的双层贝叶斯网络模型[61]。在第一层中，对不同的模态中的数据单独进行分析，而第二层将他们的相关性进行融合。在异源多模态数据融合中，Town 等人也使用贝叶斯网络方法进行多感知融合[62]。在这项工作中，研究人员提出了一个名为 SPIRIT 的大型感知计算系统，将从校准的摄像机获得的视觉信息与超声波传感器数据在决策水平进行融合，以跟踪一个办公大楼中的人和设备。

在新闻视频分析的背景下，Chua 等人提出了一种基于隐马尔可夫模型的利用组合特征进行新闻视频故事分割的方法[63]。该方法使用的多模态特征包括基于视觉的特征（如颜色）、基于对象的特征（如面部）、视频文本、时间特征（如音频和运动）和语义特征（如提示短语）。需要注意的是，动态贝叶斯网络方法通常考虑的基本假设是不同观测/特征之间是独立的。然而，这一假设在现实中并不成立。为了放松这种观察独立性的假设，Ding 等人提出了一种分段隐马尔可夫模型方法[64]来分析体育视频。在分段隐马尔可夫模型中，每个隐藏状态都发出一个观察序列，称为分段。在一个段内的观察被认为是独立于其他段的观察。结果表明，分段隐马尔可夫模型优于传统隐马尔可夫模型。在另一篇文章中，Xie 等人论证了文本模态与其他模态相结合的重要性[65]，提出了一种分层动态混合的视频主题聚类模型。在此方法中，首先使用层次隐马尔可夫模型来寻找音频流和视频流中的聚类；然后利用隐语义分析对语音文本流中的文本进行聚类；最后，在下一层中采用混合模型从隐马尔可夫模型和隐语义分析中学习聚类的联合概率。在 TRECVID 2003 数据集上进行的实验表明，多模态融合能够提高主题聚类的准确率。

Wu 等人在 ACM 国际会议上提出了一项使用影响图方法（贝叶斯网络的一种形式）来表示图像的语义的多模态融合框架[66]。此多模态融合框架将上下文信息（位置、时间和相机参数）、内容信息（整体和感知局部特征）与面向领域的语义本体（由有向无环图表示）融合在一起。此外，由于用于推断语义的条件概率可能会产生误导，因此 Wu 等人使用了上下文与语义本体之间的因果强度，而不是特征之间的相关性。使用因果强度是基于以下观点的：这两个变量可能会共同变化，但是，可能会有第三个变量作为一个"原因"影响这两个变量的值。例如，两个变量"穿暖和的夹克"和"喝咖啡"可能有很大的正相关，然而，两者背后的原因可能是寒冷的天气。结果表明，在影响图方法中使用因果强度可以在照片自动标注中提供更好的结果。

5. 最大熵模型

在一般情况下，最大熵模型是一种统计分类器，它遵循信息理论的方法，根据它所具有的信息内容预测其属于某个特定类的观测的概率。这种方法已经被一部分研究人员用于多模态数据分类。

下面简单地介绍一下最大熵模型。

最大熵模型假设分类模型是一个条件概率分布 $P(Y \mid X)$，其中 X 为特征，Y 为输出。

给定一个训练数据集：

$$T = \{(x_1, y_1), (x_2, y_2), \cdots, (x_N, y_N)\} \qquad (3-15)$$

在给定训练集的情况下，可以得到总体联合分布 $P(Y \mid X)$ 的经验分布 $\overline{P}(X, Y)$，和边缘分布 $P(X)$ 的经验分布 $\overline{P}(X)$，其中

$$\begin{cases} \bar{P}(X=x, Y=y) = \dfrac{v(X=x, Y=y)}{N} \\ \bar{P}(X=x) = \dfrac{v(X=x)}{N} \end{cases} \tag{3-16}$$

式中，$v(X=x, Y=y)$表示训练数据中样本(x, y)出现的频数，$v(X=x)$表示训练数据中输入x出现的频数，N表示训练样本容量。

用特征函数$f(x, y)$描述输入x和输出y之间的关系。定义为

$$f(x, y) = \begin{cases} 1, & \text{true} \\ 0, & \text{else} \end{cases} \tag{3-17}$$

其中，当x和y满足这个关系时，f取值为1，否则取值为0。

特征函数$f(x, y)$关于经验分布$\bar{P}(X, Y)$的期望值用$E_{\bar{P}}(f)$表示：

$$E_{\bar{P}}(f) = \sum_{x, y} \bar{P}(x, y) f(x, y) \tag{3-18}$$

特征函数$f(x, y)$模型$P(Y \mid X)$与经验分布$\bar{P}(X)$的期望值，用$E_P(f)$表示：

$$E_P(f) = \sum_{x, y} \bar{P}(x) P(y \mid x) f(x, y) \tag{3-19}$$

如果模型可以从训练集中学习，我们就可以假设这两个期望相等。即

$$E_{\bar{P}}(f) = E_P(f) \tag{3-20}$$

式(3-20)为最大熵模型学习的约束条件，假如有n个特征函数$f_i(x, y)$，$i=1, 2, \cdots, n$，则有n个约束条件。

最大熵模型的定义如下：

假设满足所有约束条件的模型集合为

$$E_{\bar{P}}(f_i) = E_P(f_i)(i = 1, 2, \cdots M) \tag{3-21}$$

定义在条件概率分布$P(Y \mid X)$上的条件熵为

$$H(P) = -\sum_{x, y} \bar{P}(x) P(y \mid x) \log P(y \mid x) \tag{3-22}$$

最大熵模型的目标就是求得使$H(P)$最大的时候对应的$P(y|x)$。通过求最大似然估计可以求得最大熵模型的解。

Magalhaes等人将这种基于最大熵模型的融合方法用于多媒体语义索引[67]。在这项工作中，他们将基于文本和基于图像的特征融合起来进行查询关键字的检索。具体而言，他们将文本和图像特征映射到最优特征子空间，然后为每一个查询关键字提出了一个最大熵模型，即

$$P(w_t \mid T, V) = \frac{1}{Z(T, V)} e^{\boldsymbol{\beta}_{w_t} \cdot \boldsymbol{F}(T, V)} \tag{3-23}$$

其中，$\boldsymbol{F}(T, V)$为特征向量，$\boldsymbol{\beta}_{w_t}$为关键字w_t的权重向量，$Z(T, V)$为正则化因子，以确保一个合适的概率。

因为特征通常是高维和稀疏的，权重可以很容易地将模型密度推到一些特定的训练数据点，这样可能会导致最大熵模型产生过拟合问题。为了减轻最大熵模型的过拟合问题，这里将应用高斯先验来防止过拟合现象。

为了估计最大熵模型，权重$\boldsymbol{\beta}_{w_t}$是唯一需要通过在整个数据集上最小化上述模型的对数似然值来计算的变量：

$$\boldsymbol{\beta}_{w_t} = \arg \min_{\boldsymbol{\beta}_{w_t}} \sum_{i \in D} l(\boldsymbol{\beta}_{w_t}) \qquad (3-24)$$

式中，$l(\boldsymbol{\beta}_{w_t})$ 为对数似然函数，D 为整个训练集的样本。因为其采用高斯函数来减小过拟合效果，因此对数似然函数的形式为

$$l(\beta) = \sum_{i \in D} \log \left(\frac{\mathrm{e}^{\boldsymbol{\beta}_{wt} \cdot F(T^{(i)}, V^{(i)})}}{Z(T^{(i)}, V^{(i)})} \right) - \frac{\boldsymbol{\beta}_{w_t}^{\mathrm{T}} \boldsymbol{\beta}_{w_t}}{2\sigma^2} \qquad (3-25)$$

如果图像 i 有关键词 w_t，那么 $w_t^{(i)} = 1$，否则 $w_t^{(i)} = 0$，$\boldsymbol{x}^{(i)}$ 为图像 i 的低维特征向量，σ^2 为高斯先验方差。通过求公式(3-25)的一阶导数的根，便可以求得公式(3-24)的解，即

$$\frac{\partial l(\beta)}{\partial \beta} = \sum_{i \in D} F(\boldsymbol{x}^{(i)})(w_t^{(i)} - p(w_t \mid \boldsymbol{x}^{(i)}, \beta)) - \frac{\beta}{\sigma^2} \qquad (3-26)$$

最后，Magalhaes 等人通过实验表明，基于最大熵模型的融合方法比基于朴素贝叶斯方法的融合效果更好。

基于分类的融合方法优缺点对比如下：

本节主要介绍了基于分类的融合方法，主要包括支持向量机、贝叶斯推断、D-S 理论、动态贝叶斯网络和最大熵模型。每种方法都有其优势与劣势，研究者应该根据实际的场景来酌情使用，以提高模型的效果。

基于概率原理的贝叶斯推断融合方法提供了对新观测的简单集成和先验信息的使用。但是，它们不适合处理相互排斥的假设。此外，由于缺乏合适的先验信息，导致该方法的融合结果不准确。另一方面，D-S 理论融合方法善于处理相互排斥的假设。但是，这种方法很难处理大量的假设组合。D-S 理论融合方法已用于语音识别、运动视频分析和事件检测等任务。

动态贝叶斯网络被广泛应用于处理时间序列数据。动态贝叶斯网络是使用时间数据的贝叶斯推断的变形。动态贝叶斯网络方法以其不同的形式（如隐马尔可夫模型）已成功应用于语音识别、说话人识别与跟踪、视频镜头分类等多媒体分析任务。然而，在这种方法中，往往很难确定正确的动态贝叶斯网络状态。

在各种基于分类的传统的融合方法中，支持向量机和动态贝叶斯网络得到了研究人员的广泛应用。支持向量机因其改进的分类性能而受到青睐，而动态贝叶斯网络被发现更适合建模时态数据。

3.2.3 基于估计的融合方法

基于估计的融合方法包括卡尔曼滤波器、扩展卡尔曼滤波器和粒子滤波融合方法。这些方法主要用于使用多模态数据更好地估计运动目标的状态。例如，在目标跟踪任务中，融合音频和视频等多种模态数据来估计目标的位置。

1. 卡尔曼滤波器

卡尔曼滤波器(Kalman Filter, KF)允许对动态的数据进行实时处理，并从具有一定统计意义的融合数据中得到系统的状态估计。为了使该滤波器运行，假设对一个带有高斯噪声的线性动态系统模型，在 t 时刻，系统真实状态 $x(t)$ 和它的观测值 $y(t)$ 根据 $t-1$ 时刻的状态建模，状态空间方程如下

$$x(t) = A(t)x(t-1) + B(t)\boldsymbol{I}(t) + w(t) \qquad (3-27)$$

$$y(t) = H(t)x(t) + v(t) \qquad (3-28)$$

其中，$A(t)$ 表示转移方程，$B(t)$ 是控制输入方程，$\boldsymbol{I}(t)$ 是输入向量，$H(t)$ 是观察模型，$w(t) \sim N(0, Q(t))$ 为过程噪声，其符合均值为 0 的，方差为 $Q(t)$ 的正态分布。$v(t) \sim N(0, R(t))$ 为观察噪声，其符合均值为 0 的，方差为 $R(t)$ 的正态分布。

基于上述状态空间模型，卡尔曼滤波器不需要保存观测历史，只依赖于前一时间戳的状态估计数据。对于存储能力较低的系统来说，其好处是显而易见的。然而，卡尔曼滤波器的使用仅限于线性系统模型，不适用于具有非线性特性的系统。对于非线性系统模型，通常使用卡尔曼滤波器的一种变体，即扩展卡尔曼滤波器（Extended Kalman Filter, EKF）。一些研究人员还使用卡尔曼滤波器作为逆卡尔曼滤波器（Inverse Kalman Filter, IKF），逆卡尔曼滤波器读取一个估计并产生一个观察，而卡尔曼滤波器读取一个观察并产生一个估计。因此，卡尔曼滤波器及其关联的逆卡尔曼滤波器可以在逻辑上排列成序列，在输出处生成观测值。卡尔曼滤波器的另一个变体最近也引起了人们的关注，即无迹卡尔曼滤波器（Unscented Kalman Filter, UKF）。无迹卡尔曼滤波器的好处是它没有线性化步骤和相关的误差。

Loh 等人提出了一种估计单个讲话者平移运动的特征级融合方法[68]。他们使用不同的视觉、听觉特征来估计单个声源的位置、速度和加速度，在三维空间中，利用三个麦克风的测量，结合相机的图像点进行位置估计。当给定位置估计后，使用基于恒定加速度模型的卡尔曼滤波器来估计速度和加速度。与 Loh 等人不同，Potamitis 等人提出了一种基于音频的用于检测多个移动讲话者的融合方案[69]。通过融合来自多个麦克风阵列的位置估计来确定同一讲话者的状态，其中使用所有单个麦克风阵列的单独卡尔曼滤波器计算位置估计。最后利用概率数据关联技术和交互多模态估计器处理说话人运动和测量源的不确定性。

卡尔曼滤波器和扩展卡尔曼滤波器也已经成功地用于目标的源定位和跟踪。Strobel 等人主要研究单目标定位和跟踪[70]。图 3.26 为卡尔曼滤波器融合过程示意图，其展现了使用该卡尔曼滤波器进行单目标定位和跟踪的融合过程。在本地处理器部分使用基本卡尔曼滤波器处理视频传感器传入的数据，使用扩展卡尔曼滤波器处理音频传感器传入的数据（基于音频位置的估计是非线性估计的）。然后在融合中心内融合音频和视频估计的输出。该融合中心由两个单输入逆卡尔曼滤波器和一个双输入卡尔曼滤波器组成，两个单输入逆卡尔曼滤波器分别接受本地处理器的两个输出，双输入卡尔曼滤波器输出最终的对于目标的位置估计。另外，此项工作要求音频和视频源彼此同步。同样，Talantzis 等人采用决策级融合方法设计了一种分布式卡尔曼滤波器来融合音频和视频模态，以便更好地实时估计

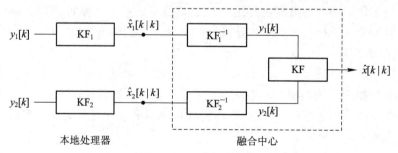

图 3.26　卡尔曼滤波器融合过程示意图

位置[71]。

Zhou 等人在他们的工作中提出了一种基于多摄像机的跟踪系统来融合异源多模态数据[72]，该系统将空间位置、形状和颜色信息等多种特征集成在一起来跟踪连续图像帧中的目标斑点。在特征级上融合多摄像机的轨迹，得到物体在真实世界中的位置和速度。为了达到即使对象视图被遮挡也能更好地追踪对象的目标，他们使用扩展卡尔曼滤波器来融合多摄像机的轨迹。Gehrig 等人也采用了一种基于扩展卡尔曼滤波器的利用音频和视频特征的融合方法[73]。基于对单个音频和视频传感器的观察，卡尔曼滤波器的状态被逐步更新以估计说话人的位置。

2. 粒子滤波

粒子滤波是一套复杂的基于仿真的方法，常用于估计非线性和非高斯状态空间模型的状态分布。这些方法也被称为顺序蒙特卡罗（Sequential Monte Carlo，SMC）方法。在这种方法中，粒子代表了状态变量的随机样本，其中每个粒子都有一个相关的权值。粒子滤波算法还包括预测和更新步骤：预测步骤根据每个粒子的动力学来传播，而更新步骤根据最新的感知信息来重估一个粒子的重量。虽然卡尔曼滤波器、扩展卡尔曼滤波器或逆卡尔曼滤波器仅对线性高斯过程是最优的，但当获取的样本足够多时，粒子滤波方法可以为非线性非高斯过程提供贝叶斯最优估计。

粒子滤波被广泛应用于多模态融合中。例如，Vermaak 等人使用粒子滤波器来估计基于音频和视频的观察结果的预测[74]，在其提出的系统中使用了一个摄像头和一对麦克风，并根据存储的视听序列进行了测试。视听特征的融合发生在特征层面，这意味着来自两种模态特征的单个粒子坐标被合并来跟踪说话者。与此方法类似，Perez 等人采用粒子滤波方法融合二维物体形状信息和音频信息，用于对说话人的追踪[75]。与 Vermaak 等人的工作不同的是，后者使用了重要性粒子滤波的概念，其中音频信息专门用于生成一个重要性函数，来影响基于音频的观察似然的计算。然后利用形成多模态粒子的标准概率乘积公式将基于音频和视频的观测概率进行融合。Zotkin 等人提出了一种概率粒子滤波框架[76]，该框架采用了一种后期融合方法来跟踪视频会议环境中的人员，并使用采样投影的方式整合多个摄像机和麦克风的信息来估计人员的三维坐标。在视听状态空间模型中，多模态粒子滤波方法被用来逼近系统参数的后验分布和跟踪人员位置。Nickel 等人提出了一种使用多个摄像机和麦克风实时跟踪讲话者的方法[77]，这项工作利用了 Zotkin 等人提出的采样投影方法[78]，通过粒子滤波来估计说话者的位置，其中每个粒子滤波代表空间中的一个三维坐标。调整来自所有相机视图和麦克风的信息，用以分配权重到相应的粒子滤波器。最后，将粒子滤波的加权平均值作为讲话者的位置。该工作采用了一种后期融合的方法来获得最终的决策结果。

基于估计的融合方法优缺点对比如下：

基于估计的融合方法（卡尔曼滤波、扩展卡尔曼滤波和粒子滤波）通常用于估计和预测一段时间内的融合观测值。这些方法适用于目标定位和跟踪任务。卡尔曼滤波器适用于线性模型的系统，而扩展卡尔曼滤波器更适用于非线性模型的系统。粒子滤波方法对非线性非高斯过程具有更强的鲁棒性，因为这种方法在足够大的样本数量下提供了贝叶斯最优估计。

3.3　多模态数据融合前沿方法

近年来，随着社会的发展以及科学技术水平的提高。图像、视频、文本等多媒体数据呈爆炸式增长，研究人员对于多模态数据的研究热情也越来越高涨，提出了大量新颖的多模态数据融合方法，推动了多模态数据融合领域不断地发展。多模态数据融合的前沿方法可以分为三种类别：基于池化的融合方法、基于深度学习的融合方法和基于图神经网络的融合方法。深度学习是过去几年来的研究热点，有大量基于深度学习的融合方法被提出，具体而言，基于深度学习的融合方法又可分成基于判别模型的多模态数据融合方法、基于生成模型的多模态数据融合方法和基于注意力机制的多模态数据融合方法。本节将详细地介绍这些方法。

3.3.1　基于池化的融合方法

基于池化的多模态数据融合方法是一种常用的方法，这种方法将视觉、文字等特征向量融合，通过计算它们的外积创建联合表示空间，便于多模态向量中所有元素之间的乘法交互。假设有 M 个模态的向量，每个向量都有 n 个元素，通过简单的向量组合操作，如加权和、元素积或向量连接，会生成 n 维或 $M \times n$ 维的向量表示。而基于池化的多模态数据融合方法将通过向量的笛卡尔积生成一个 n^M 维的张量，这意味着该方法更具表达性。基于池化的多模态数据融合方法通常使用一个高维的权值矩阵将 n^M 维的张量转换为输出向量。这个高维的权值矩阵通常是几十万到几百万维的数量级，计算复杂度很高，所以一些方法中提出对权值矩阵进行张量分解，以允许适当和有效地训练相关的模型。本节将介绍张量融合网络、低秩多模态融合和多项式张量池化等方法。

1. 张量融合网络方法

为了解决多模态情感分析中模态不稳定问题和建模不同模态之间的交互问题，Zadehy 等人提出了张量融合网络方法（Tensor Fusion Network，TFN）[10]。TFN 主要由三部分组成：第一部分为模态嵌入子网络，其对于语言、视觉和声音模态有不同的设计；第二部分是张量融合层（Tensor Fusion Layer，TFL），是为了解决不同模态之间交互的问题而设计的；第三部分是情绪推理子网络，用于承接张量融合层的输出，并进行情感推理。

具体而言，在模态嵌入子网络中，对于语言模态使用长短期记忆网络进行特征的提取，将每一个单词转化为高维向量，之后再通过一个多层感知机，将高维向量进行降维，得到低维的表示向量。对于视觉模态，首先使用 FACET 面部表情分析框架提取愤怒、蔑视、厌恶、恐惧、喜悦、悲伤和惊讶等情绪特征，然后使用多层感知机将其转化为低维的表示向量。对于声音模态，使用 COVAREP 声音分析框架[79]进行特征提取，接着同样使用多层感知机将其转化为低维的表示向量。

在完成语言、视觉和声音模态的特征提取和向量表示后，需要将其输入到张量融合层进行融合，这里使用笛卡尔积的形式进行融合，图 3.27 为张量融合网络方法框架示意图，$\mathbf{Z}_l$、$\mathbf{Z}_v$、$\mathbf{Z}_a$ 分别表示语言、视觉和声音模态的表示向量，$\otimes$ 表示笛卡尔积，融合后的向量为 $\mathbf{Z}_m = \mathbf{Z}_l \otimes \mathbf{Z}_v \otimes \mathbf{Z}_a$。

经过张量融合层后，多模态向量融合成一个 $\mathbf{Z}_m$ 向量。最后将这个向量输入到情绪推

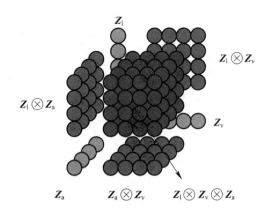

图 3.27　张量融合网络方法框架示意图

理子网络中，可得到情感的预测。Zadehy 等人在多个数据集上进行实验，证明了 TFN 网络在情感分析上的优势。

2. 低秩多模态融合方法

随着模态的增加，多模态融合的难度也会逐步增加，尤其是时间复杂度可能会呈指数增加，为了降低多模态数据融合的时间复杂度，Liu 等人提出了低秩多模态融合（Low-rank Multimodal Fusion，LMF）方法[80]，该融合方法可以认为是张量融合网络方法的等价升级版，能够利用低秩权值张量分解提高多模态融合的效率并且不影响多模态融合的性能。

图 3.28 为低秩多模态融合方法框架示意图，低秩多模态融合方法进行多模态数据融合的一般过程为：首先低秩多模态融合方法通过将单模态输入 x_v、x_a、x_l 分别传递到三个子嵌入网络 f_v、f_a、f_l 中，得到单模态表示向量 z_v、z_a、z_l。然后低秩多模态融合方法通过与特定模态因子进行低秩多模态融合输出多模态表示向量。

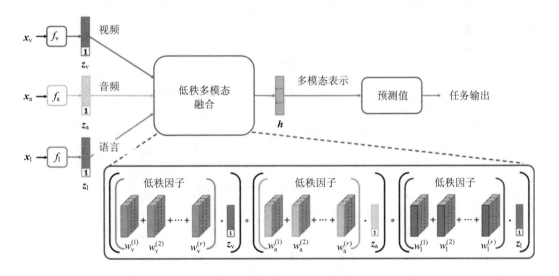

图 3.28　低秩多模态融合方法框架示意图

一般而言，采用笛卡尔积方法进行融合的方法，遵循下式：

$$\boldsymbol{Z} = \bigotimes_{m=1}^{M} \boldsymbol{z}_m,\ \boldsymbol{z}_m \in \mathbf{R}^{d_m} \tag{3-29}$$

其中，z_m 表示第 m 个模态数据的表示向量，将 M 个表示向量进行笛卡尔积，得到张量 Z，然后再通过下式进行非线性映射：

$$h = g(\boldsymbol{Z}; \boldsymbol{W}, b) = \boldsymbol{W} \cdot \boldsymbol{Z} + b, h, b \in \mathbf{R}^{d_y} \qquad (3-30)$$

因为将 M 个表示向量进行笛卡尔积运算，所以张量 $\boldsymbol{Z}$ 和矩阵 $\boldsymbol{W}$ 的维度都很高，在进行参数优化时，计算复杂度会随着 M 的增加而呈指数增加。低秩多模态融合方法通过将 $\boldsymbol{W}$ 分解成一组低秩因子 $\boldsymbol{w}_m^{(i)}$ 来降低复杂度，即

$$\boldsymbol{W} = \sum_{i=1}^{r} \bigotimes_{m=1}^{M} \boldsymbol{w}_m^{(i)} \qquad (3-31)$$

$$\boldsymbol{w}_m^{(i)} = \left[w_{m,1}^{(i)}, w_{m,2}^{(i)}, \cdots, w_{m,d_h}^{(i)} \right] \qquad (3-32)$$

因此式(3-30)，可转换为

$$h = \left(\sum_{i=1}^{r} \bigotimes_{m=1}^{M} \boldsymbol{w}_m^{(i)} \right) \cdot \boldsymbol{Z} \qquad (3-33)$$

通过上述流程，低秩多模态融合方法减少了非线性映射时权重的参数量，降低了时间复杂度，并且在多个数据集的测试表示，其在减少参数量的同时，没有降低多模态数据融合的效果。

3. 多项式张量池化方法

以往的双线性或三线性池化融合的能力有限，受交互顺序的限制不能完全释放多线性融合的表达能力。更重要的是，进行简单的特征融合会忽略复杂的局部相互关系。为了解决这些问题，Hou 等人提出了一个多项式张量池化（Polynomial Tensor Pooling，PTP）块[81]，通过考虑高阶矩来集成多模态特征。在基本的多项式张量池化块的基础上，Hou 等人进一步建立了一个层次多项式融合网络（Hierarchical Polynomial Fusion Network，HPFN）来递归地将局部关联信息传输到全局关联信息。

图 3.29 为多项式张量池化块示例，z_1、z_2 两种模态的特征向量，通过级联、五次张量外积、与低秩张量网络得到的权重矩阵相乘等流程，完成张量提取，得到多模态融合向量 z。

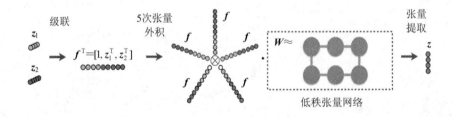

图 3.29　多项式张量池化块示例

具体而言，多项式张量池化方法的流程如下：

第一步，将 M 个模态的特征向量组 $\{z_m\}_{m=1}^{M}$ 连接起来形成一个长特征向量 $\boldsymbol{f}$：

$$\boldsymbol{f}^{\mathrm{T}} = \left[1, z_1^{\mathrm{T}}, z_2^{\mathrm{T}}, \cdots, z_M^{\mathrm{T}} \right] \qquad (3-34)$$

第二步，通过 P 次张量外积得到 P 次多项式的特征张量 $\boldsymbol{F}$：

$$\boldsymbol{F} = \underbrace{\boldsymbol{f} \otimes \boldsymbol{f} \otimes \cdots \otimes \boldsymbol{f}}_{P\text{-order}} \qquad (3-35)$$

第三步，通过一个权重矩阵 $\boldsymbol{W} = [\boldsymbol{W}^1, \cdots, \boldsymbol{W}^h, \cdots, \boldsymbol{W}^H]$ 来转换模态间的 P 多项式相

互作用的影响：

$$z_h = \sum_{i_1, i_2, \cdots, i_P} \boldsymbol{W}^h_{i_1 i_2 \cdots i_P} \cdot \boldsymbol{F}_{i_1 i_2 \cdots i_P} \tag{3-36}$$

在这里，$\boldsymbol{W}^h$ 的参数量会随着多项式次数 P 的增加而指数增长。为了解决这个问题，Hou 等人使用低秩张量网络来估计 $\boldsymbol{W}^h$，假设 $\boldsymbol{W}^h$ 可以有 R 秩的 CANDECOMP/PARAFAC 分解形式[82]，则公式(3-36)可转化为

$$z_h = \sum_{1, i_2, \cdots, i_P} \left[\left(\sum_{r=1}^{R} a_r^h \prod_{p=1}^{P} \boldsymbol{w}^{h(p)}_{r; i_p} \right) \left(\prod_{p=1}^{P} \boldsymbol{f}_{i_p} \right) \right] = \sum_{r=1}^{R} a_r^h \prod_{p=1}^{P} \sum_{i_p}^{I} \boldsymbol{w}^{h(p)}_{r; i_p} \boldsymbol{f}_{i_p} \tag{3-37}$$

因为显式构造的特征张量是超对称的，所以假设 $\boldsymbol{w}_r^h = \boldsymbol{w}_r^{h(p)}$，$\boldsymbol{W}^h$ 采用张量环（Tensor Ring，TR）形式[83]，则公式(3-36)可转换为

$$z_h = \sum_{1, i_2, \cdots, i_P} \left[\left(\sum_{r=1}^{R} a_r^h \prod_{p=1}^{P} \boldsymbol{w}^{h(p)}_{r; i_p} \right) \left(\prod_{p=1}^{P} \boldsymbol{f}_{i_p} \right) \right] = \sum_{r_2, \cdots, r_P} \prod_{p=1}^{P} \sum_{i_p}^{I} G^{h(p)}_{r_p; i_p; r_{p+1}} \boldsymbol{f}_{i_p}$$

$$= \sum_{r_1, r_2, \cdots, r_P} \prod_{p=1}^{P} \widetilde{G}^{h(p)}_{r_p; r_{p+1}} = \text{Trace}\left(\prod_{p=1}^{P} \widetilde{\boldsymbol{G}}^{h(p)} \right) \tag{3-38}$$

至此，多项式张量池化块便搭建完成，通过这种方式，可以有效隐式地沿各个维度进行融合计算，从而避免特征张量和权值张量维数指数增加的灾难。

该项工作还通过堆叠多项式张量池化块搭建了层次多项式融合网络，图 3.30 为单层 HPFN 示例，一个多项式张量池化块在一个"接收窗口"上运行，该"接收窗口"覆盖了所有八个时间点和三种模态的特征。这样，多项式张量池化块就可以捕获窗口内总共二十四个混合特征之间的高阶非线性交互作用。

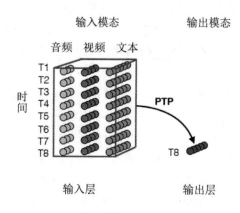

图 3.30　单层 HPFN 示例

如果多项式张量池化块与一个小的"接收窗口"相关联，那么它将自然地表现出局部相关性。多个多项式张量池化块可以分别放置在独立的局部窗口上。通过在每一层的小窗口上附加多项式张量池化块，就可以直接将融合过程分布到多层中。图 3.31 为两层 HPFN 示例，在输入层中一个多项式张量池化块只在一个覆盖了所有四个时间点和三种模态特征的"接收窗口"上运行，该"接收窗口"每次移动两个时间单位，得到具有三个时间点一种中间模态的隐藏层。在隐层层中再次放置一个多项式张量池化块，其"接收窗口"设置为覆盖三个时间点一种中间模态，便可以得到输出层的输出向量。事实上，高层的融合节点对应着低层的更大的"接收窗口"，因此，可以更高效地建模局部和全局相关性，具有很大的灵

活性。

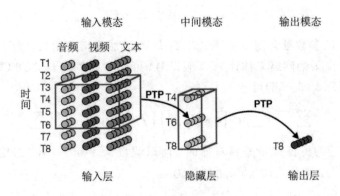

图 3.31　两层 HPFN 示例

4. 其他基于池化的融合方法

通过对权重张量施加低秩控制，多模态低秩双线性池化（Multimodal Low-rank Bilinear Pooling，MLB)方法将双线性池化的三维权值张量分解为三个二维权值矩阵[84]，具体步骤如下：

（1）将视觉和文字特征向量通过两个输入因子矩阵线性投影到低维矩阵上；

（2）使用元素积的方法将这些因子融合；

（3）使用第三个矩阵对输出因子进行线性投影。

多模态因子分解双线性池化(Multimodal Factorized Bilinear Pooling，MFB)方法通过一个额外的操作对多模态低秩双线性池化方法进行了修改[85]。这个额外的操作是对每个非重叠的一维窗口内的值求和，将元素积的结果进行池化。多个多模态因子分解双线性池化模型可以通过级联来建模输入特性之间的高阶交互，这被称为多模态因数化高阶池化(Multi-modal Factorized High-order Pooling，MFH)方法[86]。Ben-Younes 等人提出的 MUTAN 是一种基于多模态张量的 Tucker 分解的方法，其使用 Tucker 分解[87]将原始的三维权重张量算子分解为低维核心张量和 MLB 使用的三个二维权量矩阵[88]。低维核心张量是对不同形式的相互作用进行建模的。MLB 可以看作一个具有固定对角输入因子矩阵和稀疏固定核张量的 MUTAN，MCB 可以看作一个核张量为单位张量的 MUTAN。

AAAI2019 会议上提出了 BLOCK 方法[89]，该方法通过一个基于块的超对角阵的融合框架，利用块项分解来计算双线性池化。BLOCK 将 MUTAN 泛化为多个 MUTAN 模型的总和，为模态之间的交互提供更丰富的建模。MUTAN 核心张量可以排列成类似于块对角矩阵子矩阵的超对角张量。此外，双线性池化可以推广到两种以上的模态，例如使用外积来建模视频、音频和语言表示之间的信息交互。

3.3.2　基于深度学习的融合方法

21 世纪以来，随着科学技术的发展，用于拍照、录像、红外摄像、文本记录等的设备不断升级，因此大量高质量的视频、图像、文本等多种模态的数据被制作并保存下来。在此背景下，研究人员获取高质量数据变得越来越容易，但同时也面临着数据量大、处理困难的问题。幸运的是，计算机的处理能力越来越强，同时计算机等设备的成本和价格也越来越低。在此背景下，深度学习方法将现代计算机强大的处理能力和大数据相结合，获得了人们的一致认可，研究人员进行了大量深入的研究，使得深度学习获得了极大的发展。

如何使用深度学习技术来有效地利用多模态数据完成相应场景下的指定任务，成为了研究领域的热点。用多模态深度学习来解决某一个实际多模态问题需要选择合适的结构与算法。目前人们针对多模态数据提出了很多深度学习模型，这些模型可以有多种分类和组织的方法，本节将其归为两大类：判别模型和生成模型。判别模型相对简单直接，这类模型试图对类边界进行建模。在有监督学习中，假设输入数据为 X，输出类别数据为 Y，判别模型的目标是学习条件概率分布 $P(Y|X)$，一般用于预测性质的任务，比如常见的分类或者回归类任务；生成模型可以隐式或明确地表示数据的分布，对于输入数据 X 和输出类别数据 Y，生成模型的目标是学习数据的联合分布 $P(X,Y)$，相对于判别模型，生成模型对数据分布的理解更加充分。

1. 基于判别模型的多模态数据融合方法

判别模型直接对输入数据 X 到输出数据 Y 之间的映射关系进行建模 $P(Y|X)$，模型参数是通过最小化一些提前设计好的目标损失函数学习而来。这类模型比较适合一些多模态学习任务，比如多模态数据分类、推荐系统、视觉问答（Visual Question Answer，VQA）、人类行为识别等任务。

为了使用判别模型来完成这些任务，研究人员常常会用到一些深度学习网络，比如多层感知机（Multilayer Perceptron，MLP）、卷积神经网络（Convolutional Neural Network，CNN）、递归神经网络（Recursive Neural Network，RNN）等。这些神经网络是多模态数据融合的基础，因此本节首先介绍这些深度学习网络，然后介绍基于这些神经网络的多模态数据融合方案。

1）多层感知机介绍

多层感知机也称为前馈神经网络，是典型的深度学习模型。神经网络的基本组成单元是神经元，图 3.32 为单神经元结构示例，假设输入数据为 $x_1, x_2, \cdots, x_n$，这些输入经过对应位权重加权得到 z，激活函数引入线性或非线性变换作用于净输入 z 并得到神经元的输出。

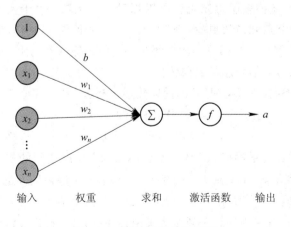

图 3.32　单神经元结构示例

$$z = \sum_{i=1}^{n} w_i x_i + b = \boldsymbol{w}^{\mathrm{T}} \boldsymbol{x} \qquad (3-39)$$

$$a = f(z) \qquad (3-40)$$

式中，z 表示一个神经元获得的输入信号的加权和，$\boldsymbol{w} = [w_1, w_2, \cdots, w_n]$ 表示权重向量，b 表示偏置，a 表示神经元的输出，函数 $f()$ 表示激活函数。表 3.3 为常见激活函数示例，常用的激活函数有用于高斯输出分布的线性激活函数、用于伯努利输出分布的 sigmoid 型函数、用于多变量伯努利输出分布的 softmax 函数、整流线性单元 ReLU 函数及一系列变体等。

表 3.3　常见激活函数示例

名称	具体形式	描　述
线性激活函数	$f(x) = x$	表现为恒等函数，线性变换
分段线性函数	$f(x) = \begin{cases} 1, & x \geqslant 1 \\ \dfrac{1}{2}(1+x), & -1 < x < 1 \\ 0, & x \leqslant -1 \end{cases}$	相当于一个非线性放大器
logistic 函数	$f(x) = \dfrac{1}{1 + \mathrm{e}^{-x}}$	sigmoid 函数对中间区域起非线性放大作用，两侧起抑制作用，将输入约束到固定区间范围
tanh 函数	$f(x) = \dfrac{2}{1 + \mathrm{e}^{-2x}} - 1$	
softmax 函数	$f(x) = \dfrac{\exp(z_i)}{\sum_j \exp(z_j)}$	softmax 函数可实现多分类任务，给出每个分类结果的可信度
reLU 函数	$f(x) = \max(0, x)$	模拟了神经元只对少量输入信号选择性响应，大量输入信号被屏蔽的特性，该函数计算简单并具有很好的稀疏性

随着隐含层数量的增多，该类模型可被称为多层感知机。当引入非线性的隐含层后，理论上只要网络结构足够深（隐含层数目足够多）或网络结构足够宽（隐含层的节点足够多），通过多层非线性变换多层感知机就可以拟合任意函数。由于实现同样的变化组合效果，深度网络所需的节点和参数更少，所以目前对于深度网络的研究更为深入。图 3.33 为多层前馈神经网络示例，在 MLP 中，图中每一层网络的输入都为上一层网络的输出，这意味着网络中不存在反馈，信号总是向前传播。

假定神经网络的层数为 L，MLP 的前向传播传播公式如下：

$$\boldsymbol{z}^{(l)} = \boldsymbol{W}^{(l)} \cdot \boldsymbol{a}^{(l-1)} + \boldsymbol{b}^{(l)} \qquad (3-41)$$

$$\boldsymbol{a}^{(l)} = f_l(\boldsymbol{z}^{(l)}) \qquad (3-42)$$

式中，$\boldsymbol{z}^{(l)}$ 表示 l 层神经元的净输入，$\boldsymbol{W}^{(l)}$ 表示 $l-1$ 层与 l 层之间的权重矩阵，$\boldsymbol{a}^{(l)}$ 表示 l 层神经元的输出，$\boldsymbol{b}^{(l)}$ 表示 $l-1$ 层到 l 层的偏置，$f_l()$ 表示 l 层神经元的激活函数。第 1 层的输入 $\boldsymbol{a}^{(0)}$ 作为网络的输入，第 L 层的输出为 $\boldsymbol{a}^{(L)}$ 也就是网络输出。

目前，训练 MLP 所采用的算法通常为反向传播（Back Propagation，BP）算法。其基本思想是，通过最终输出层所产生的残差逐层回传以调整前面层的参数，进而训练整个网

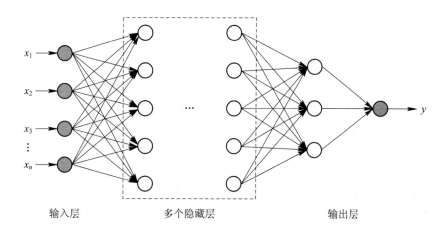

图 3.33 多层前馈神经示例

络。假设结合随机梯度下降进行神经网络参数学习，给定一个样本(x, y)，x 为输入，y 为真实标签，网络输出为 y^*。损失函数表示为网络输出与真实标签的函数 $J(y, y^*)$。在网络学习过程中，需要计算损失函数对各参数的梯度并进行更新，从而不断优化到损失函数极小值。例如对第 l 层中的参数 $W^{(l)}$ 和 $b^{(l)}$ 计算偏导数，根据链式法，则有

$$\frac{\partial J(y, y^*)}{\partial W^{(l)}} = \left(\frac{\partial z^{(l)}}{\partial W^{(l)}}\right)^{\mathrm{T}} \frac{\partial J(y, y^*)}{\partial z^{(l)}} \qquad (3-43)$$

$$\frac{\partial J(y, y^*)}{\partial b^{(l)}} = \left(\frac{\partial z^{(l)}}{\partial b^{(l)}}\right)^{\mathrm{T}} \frac{\partial J(y, y^*)}{\partial z^{(l)}} \qquad (3-44)$$

$\boldsymbol{\delta}^{(l)}$ 被定义为第 l 层神经元的残差，计算方式为损失函数 $J(y, y^*)$ 关于净输入 $z^{(l)}$ 的偏导数：

$$\begin{aligned}
\boldsymbol{\delta}^{(l)} &= \frac{\partial J(y, y^*)}{\partial z^{(l)}} = \frac{\partial a^{(l)}}{\partial z^{(l)}} \cdot \frac{\partial z^{(l+1)}}{\partial a^{(l)}} \cdot \frac{\partial J(y, y^*)}{\partial z^{(l+1)}} \\
&= \frac{\partial f_l(z^{(l)})}{\partial z^{(l)}} \cdot \frac{\partial (W^{(l+1)} a^{(l)} + b^{(l)})}{\partial a^{(l)}} \cdot \boldsymbol{\delta}^{(l+1)} \\
&= \mathrm{diag}(f_l'(z^{(l)})) \cdot (W^{(l+1)})^{\mathrm{T}} \cdot \delta^{(l+1)} \\
&= f_l'(z^{(l)}) \odot ((W^{(l+1)})^{\mathrm{T}} \cdot \boldsymbol{\delta}^{(l+1)})
\end{aligned} \qquad (3-45)$$

另外：

$$\frac{\partial z^{(l)}}{\partial W^{(l)}} = \frac{\partial (W^{(l)} a^{(l-1)} + b^{(l)})}{\partial W^{(l)}} = a^{(l-1)} \qquad (3-46)$$

$$\frac{\partial z^{(l)}}{\partial b^{(l)}} = \frac{\partial (W^{(l)} a^{(l-1)} + b^{(l)})}{\partial b^{(l)}} = I_{n^l} \qquad (3-47)$$

式中，n^l 表示第 l 层神经元数目，I_{n^l} 是大小为 $n^l \times n^l$ 的单位矩阵。

由式(3-48)和式(3-49)可以得到损失函数关于各参数的偏导数：

$$\frac{\partial J(y, y^*)}{\partial W^{(l)}} = \boldsymbol{\delta}^{(l)} (a^{(l-1)})^{\mathrm{T}} \qquad (3-48)$$

$$\frac{\partial J(y, y^*)}{\partial b^{(l)}} = \boldsymbol{\delta}^{(l)} \qquad (3-49)$$

然后将参数进行更新：

$$\boldsymbol{W}^{(l)} = \boldsymbol{W}^{(l)} - \eta \frac{\partial J(y, y^*)}{\partial \boldsymbol{W}^{(l)}} \qquad (3-50)$$

$$\boldsymbol{b}^{(l)} = \boldsymbol{b}^{(l)} - \eta \frac{\partial J(y, y^*)}{\partial \boldsymbol{b}^{(l)}} \qquad (3-51)$$

式中，η 代表学习率，解释为参数更新的步长，学习率过大容易跳过损失最小点，学习率过小训练速度会变慢，在实际应用中的训练过程中大多数采用可变学习率。类似的，根据残差反向传播和链式法则，可以通过计算更新训练每一层的参数。

2）卷积神经网络介绍

卷积网络的实现机理是受视觉神经对于整个视觉输入空间区域的敏感度不同的机制所启发。手写数字识别的成功凸显了卷积神经网络在图像方面的强大学习能力，开启了学术界对于卷积神经网络的研究。近几年，卷积神经网络模型在图像分类、人脸识别、文本识别等方面都得到了广泛的应用。

卷积神经网络在结构上不同于多层感知机，使得卷积神经网络对于图像数据的平移、缩放、倾斜或者其他一些形式的变形具有良好的容错能力。卷积神经网络结构具有局部连接和权值共享的特点。

（1）局部连接。

图 3.34 为局部连接示意图，前一层的每个神经元只与后一层特定范围内的神经元存在连接。每个神经元只对局部感知，然后将局部的信息传到下一层综合起来就得到了全局的信息，使得连接具有稀疏性，这样将大大节约空间存储和训练所需时间。

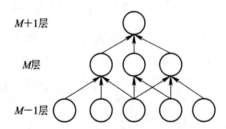

图 3.34　局部连接示意图

（2）权值共享。

理论证明，图像的各部分统计特性之间具有相似性和连续性，所以对于一幅图像上的不同位置，可以采用同样的滤波器学习完成一幅图像的一次特征映射，反映到结构设计上体现为同一层中某些神经元之间共享连接权重。图 3.35 为权值共享示意图，随着图中 2×2 的权重矩阵在 $M-1$ 层数据矩阵上的多次平移和卷积得到下一层的数据矩阵，即抽取了某种特定模式的特征。

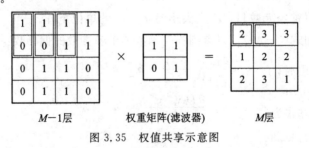

图 3.35　权值共享示意图

这两个结构特点使得卷积神经网络相比全连接网络的复杂度更低，并可以实现并行训练，加快训练速度，克服了多层感知机所存在的随着深度加深参数体量庞大从而使网络难以训练的问题。

图3.36为卷积神经网络的结构示意图，由于卷积神经网络在结构上增加了特有的卷积层和池化层，数据信号在网络中的前向传播和残差反向传播也与多层感知机有所区别。

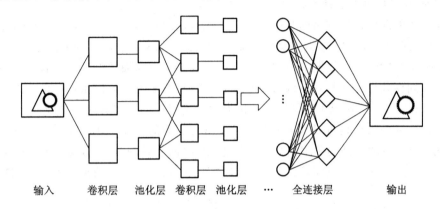

| 输入 | 卷积层 | 池化层 | 卷积层 | 池化层 | … | 全连接层 | 输出 |

图 3.36　卷积神经网络结构示意图

假设第 l 层输入和输出分别为 $\boldsymbol{a}^{l-1}$ 和 $\boldsymbol{a}^{l}$，第 l 层的特征映射滤波器为 $\boldsymbol{W}^{l}$，偏置为 $\boldsymbol{b}^{l}$，$\boldsymbol{z}^{l}$ 表示输入信号的加权和，$f()$ 表示激活函数，若为卷积层，则

$$\boldsymbol{z}^{l} = \boldsymbol{W}^{l} * \boldsymbol{a}^{l-1} + \boldsymbol{b}^{l} \tag{3-52}$$

$$\boldsymbol{a}^{l} = f(\boldsymbol{z}^{l}) \tag{3-53}$$

式中，* 代表卷积运算。若为池化层，则

$$\boldsymbol{a}^{l} = \text{subsample}(\boldsymbol{a}^{l-1}) \tag{3-54}$$

式中，下采样函数的作用有最大池化、平均池化、全局平均池化等。图 3.37 为平均池化示意图，M 层的值都为 $M-1$ 层中对应区域的值的平均。卷积神经网络模型中卷积层与池化层的残差反向传播计算方式有所区别。

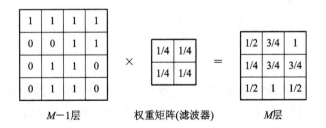

| $M-1$层 | 权重矩阵(滤波器) | M层 |

图 3.37　平均池化示意图

$l+1$ 层为卷积层时，l 层的残差为

$$\boldsymbol{\delta}^{(l)} = f_{l}'(\boldsymbol{z}^{(l)}) \odot (\boldsymbol{\delta}^{(l+1)} * \text{rot180}(\boldsymbol{W}^{(l+1)})) \tag{3-55}$$

$l+1$ 层为池化层时，l 层的残差为

$$\boldsymbol{\delta}^{(l)} = f_{l}'(\boldsymbol{z}^{(l)}) \odot \text{upsample}(\boldsymbol{\delta}^{(l+1)}) \tag{3-56}$$

各参数的梯度计算方式为

$$\frac{\partial J(y, y^*)}{\partial \boldsymbol{W}^{(l)}} = \boldsymbol{\delta}^{(l)} * \mathrm{rot}180(\boldsymbol{a}^{(l-1)}) \tag{3-57}$$

$$\frac{\partial J(y, y^*)}{\partial \boldsymbol{b}^{(l)}} = \sum_{i, j} (\boldsymbol{\delta}^{(l)})_{i, j} \tag{3-58}$$

之后的参数更新与多层感知机一致。

3）递归神经网络及长短期记忆单元网络介绍

前面介绍的深度神经网络的共性是各输入元素之间是相互独立的，输入与输出也是独立的。但是在现实生活中，输入数据经常是序列模式，如文章、音乐、股票波动等，且具有依赖性，研究人员希望从数据中挖掘到上下文之间的关系从而更好地实现预测，递归神经网络针对序列模式设计的特殊结构可以利用输入数据的上下文的信息，使其广泛应用于文本生成、机器翻译、语音识别等领域。具体而言，递归神经网络通过隐藏层信号在不同时间步之间的传递使得模型可以基于前面的信息学习后面的特征，图 3.38 为典型的 RNN 结构示意图，$t-1$ 时间步处的隐藏信号 h^{t-1} 传递给 t 时间步处的 h^t，t 时间步处的隐藏信号 h^t 传递给 $t+1$ 时间步处的 h^{t+1}，实现模型可以参考前一时间步处的信息学习到新的特征。

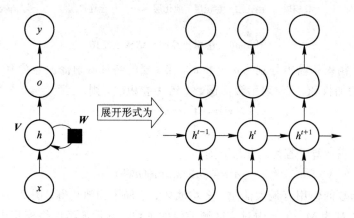

图 3.38 典型的 RNN 结构示意图

递归神经网络信号的前馈传播公式为

$$\boldsymbol{h}^t = \tanh(\boldsymbol{W}\boldsymbol{h}^{t-1} + \boldsymbol{U}\boldsymbol{x}^t + \boldsymbol{b}) \tag{3-59}$$

$$\boldsymbol{o}^t = \boldsymbol{c} + \boldsymbol{V}\boldsymbol{h}^t \tag{3-60}$$

$$\boldsymbol{y}^t = \mathrm{softmax}(\boldsymbol{o}^t) \tag{3-61}$$

递归神经网络在反向传播过程中也基于梯度下降法更新得到合适的递归神经网络模型参数。区别在于，递归神经网络经过不同时间步时网络参数是共享的，学习过程中更新的是同一套参数，只是梯度随时间发生变化，所以该模型的参数更新方法称为基于时间的反向传播。与之前介绍的多层感知机的各参数梯度计算方式基本一致，基于链式法则推导前面时间步参数的梯度。需要特别注意的一点是，对隐藏层状态 $\boldsymbol{h}^{(t)}$ 求导时，残差由两部分组成，计算方式为

$$
\begin{aligned}
\frac{\partial J(y, y^*)}{\partial \boldsymbol{h}^t} &= \left(\frac{\partial \boldsymbol{h}^{t+1}}{\partial \boldsymbol{h}^t}\right)^{\mathrm{T}} \frac{\partial J(y, y^*)}{\partial \boldsymbol{h}^{t+1}} + \left(\frac{\partial \boldsymbol{o}^t}{\partial \boldsymbol{h}^t}\right)^{\mathrm{T}} \frac{\partial J(y, y^*)}{\partial \boldsymbol{o}^t} \\
&= \boldsymbol{W}^{\mathrm{T}} \frac{\partial J(y, y^*)}{\partial \boldsymbol{h}^{t+1}} \mathrm{diag}(1 - (\boldsymbol{h}^{t+1})^2) + \boldsymbol{V}^{\mathrm{T}} \frac{\partial J(y, y^*)}{\partial \boldsymbol{o}^t}
\end{aligned} \tag{3-62}
$$

之后为了解决典型的递归神经网络结构存在的一些不足,一系列改进的变体被相继提出,如双向递归神经网络、长短期记忆(Long short-term memory,LSTM)单元[90]、门限循环单元等,用于克服典型 RNN 不能学习双向的上下文、不能"记忆"长期信息等缺陷。其中应用最为广泛的是 LSTM 单元,现在提出的大多数网络一般不是建立在原始的递归神经网络之上,而是建立在 LSTM 之上的,因为这样能够解决长序列训练过程中的梯度消失和梯度爆炸问题,相比普通的递归神经网络,LSTM 能够在更长的序列中有更好的表现。下面将简单介绍 LSTM 网络。

LSTM 主要由遗忘门、输入门和输出门三部分组成,它们均采用 sigmoid 函数。图 3.39 为 LSTM 结构示意图。

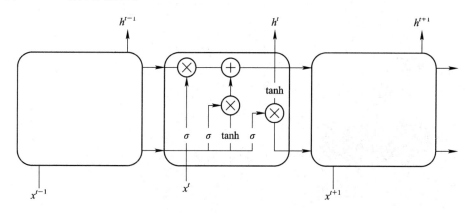

图 3.39　LSTM 结构示意图

遗忘门决定什么信息应该被遗忘,计算方式为

$$f^t = \sigma(U_f \boldsymbol{h}^{t-1} + W_f \boldsymbol{x}^t) \tag{3-63}$$

$$\boldsymbol{k}^{t-1} = \boldsymbol{c}^{t-1} \odot \boldsymbol{f}^t \tag{3-64}$$

输入门决定应该保存什么信息,计算方式为

$$\boldsymbol{i}^t = \sigma(U_i \boldsymbol{h}^{t-1} + W_i \boldsymbol{x}^t) \tag{3-65}$$

$$\boldsymbol{g}^t = \tanh(U_g \boldsymbol{h}^{t-1} + W_g \boldsymbol{x}^t) \tag{3-66}$$

输出门决定应该输出什么信息,计算方式为

$$\boldsymbol{o}^t = \sigma(U_o \boldsymbol{h}^{t-1} + W_o \boldsymbol{x}^t) \tag{3-67}$$

$$\boldsymbol{h}^t = \tanh(\boldsymbol{c}^t) \odot \boldsymbol{o}^t \tag{3-68}$$

4) 基于判别模型的多模态数据融合方案

为了建模图像和句子之间的语义映射分布,Ma 等人提出了一种多模态卷积神经网络 m-CNN[91]。为了充分捕捉语义关联,他们在端到端架构中设计了单词等级、词组等级和句子等级三种等级的融合策略。单词等级和词组等级的融合是指将句子中的部分单词或词组与图像的部分区域相融合,而句子等级的融合则指整个句子和图像的整体相融合。为了达到这些融合的目标,该多模态卷积神经网络的研究人员设计了三个子网络,分别是:图像子网络、匹配子网络和评估子网络。图像子网络是一种典型的深度卷积神经网络,如 AlexNet[92] 和 Inception[93],它能有效地将输入的图像编码为简短的表示向量。匹配子网络在语义空间中将图像内容与句子的单词片段关联起来,形成联合表示。评估子网络是将匹配子网络输出的联合表示通过一个多层感知机网络进行评估,最终输出匹配分数。图 3.40

为 m-CNN 构架示意图，一张狗追逐白球的图像输入到图像子网络中得到表示向量。同时匹配子网络将"a wet dog chase a white ball"这句话中的每一个单词进行处理，组成语义片段 v_{wd}，然后与图像子网络输出的表示向量相匹配融合，得到向量 v_{JR}。最后评估子网络输出图像与文本的匹配分数。

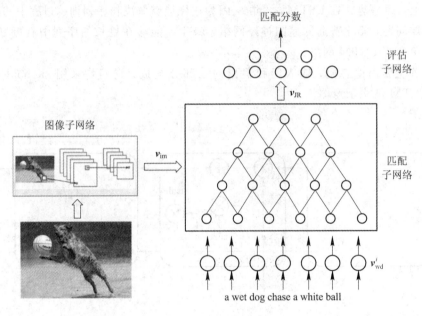

图 3.40　m-CNN 构架示意图

如前所述，为了使图像与句子深度融合，该网络有单词等级、词组等级和句子等级三种等级的融合策略。针对这三种等级的融合策略，该方法的研究人员在模型中设计了单词片段、词组片段和句子片段三种匹配网络。单词片段匹配网络是一种卷积神经网络，它将单词和图像表示作为输入，通过一维卷积和两个单元窗口的一维最大池化层进行输入。该单词片段匹配网络有局部接受域、共享参数和减少自由参数的数量等优点。词组片段匹配网络首先将每个句子的单词转换成词组片段，该词组片段比单词片段包含更多的语义知识。然后利用一维卷积将词组片段与图像特征相结合，建立联合多模态分布模型。同样，句子匹配网络学习每个句子的语义表示。接下来将句子的语义表示与句子层面的图像表示结合起来。最后在评估子网络中使用一个多层感知器来评估那些多模态联合表示。综上所述，一个结合单词、词组和句子多模态表达的集成框架被搭建起来，可用于挖掘图像和文本之间的跨模态相关性。

多模态融合在推荐领域也发挥着重要的作用。利用待推荐产品的结构化数据（电影的导演、演员等信息）和非结构化数据（海报、视频片段、音频、文本等）相融合可降低用户与产品交互信息的稀疏性问题，提高推荐的性能。Lv 等人提出了一个多模态数据的兴趣相关产品相似模型（Multimodal Interest-Related Item Similarity model，Multimodal IRIS）[94]，将用户与产品的交互信息以及产品的图像数据与文本数据相融合，用于产品的推荐。Multimodal IRIS 模型由三个模块组成，即多模态特征学习、兴趣相关网络（Interest-Related Network，IRN）和产品相似度推荐模块。图 3.41 为 Multimodal IRIS 中利用多模态特征融合推荐过程示意图，其进行多模态融合推荐的过程共有四个步骤：

（1）对历史交互产品集合和待预测产品提取图像和文本特征。图像特征可经过 VGG[95]、RestNet[96] 等深度卷积神经网络进行特征预提取，文本特征可选择各种在大量语料库上训练过的 Doc2Vec[97]、BRET[98] 等 NLP 模型上进行特征预提取。

（2）将文本特征和图像特征通过一个多层感知机进行知识共享、模态融合。

（3）将融合之后的多模态信息输入到兴趣相关网络，通过历史交互产品集合的多模态特征信息与待预测产品的多模态特征信息对比，学习到待预测产品和不同历史交互产品之间的兴趣相关性。

（4）通过产品相似度推荐模块输出推荐结果。采用该方案能够融合产品的多模态信息，提供更加准确的推荐结果，并提供一定的可解释性。

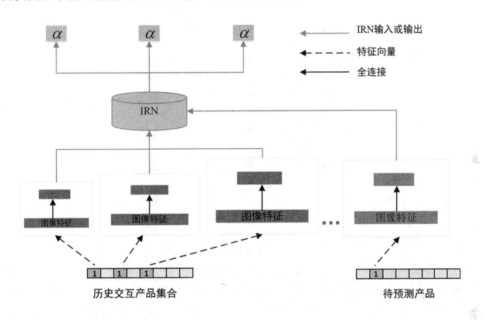

图 3.41　Multimodal IRIS 中利用多模态特征融合推荐过程示意图

一般来说，多模态融合的方式是由模型的提出者设计的，但在文章[99]中，Sahu 提出了一种多模态数据动态融合的方法——transfusion，让模型能够决定如何以最佳的方式融合关于一个事件的多模态数据。该方法首先将不同模态下得到的隐向量连接起来。然后，将其通过一个 transfusion 层得到一个维数较低的融合向量。最后，最小化融合向量和之前得到的连接向量之间的欧几里得距离。该融合向量既压缩了信息，又尽可能不丢失融合前各个模态中隐向量的信息。该多模态数据动态融合方法在融合多模态数据的过程中，没有人工参与，而是由模型探索如何以最佳方式整合多模态数据，完成多模态数据的动态融合。

2. 基于生成模型的多模态数据融合方法

自编码器是基于生成模型中常见的一种模型。通常意义的自编码器原理很简单，如图 3.42 的自编码器示意图所示，包括一个编码器和解码器，两者数学上都表现为输入信号的变换运算。编码器经变换运算将输入信号 x 编码成信号 $\tilde{x}$，而解码器将经编码的 $\tilde{x}$ 转换成输出信号 x。

自编码器区别于多层感知器的最重要的一点是其采用无监督学习方式，训练时输入即输出，不需要额外的标签。输入层到隐含层为编码器，可以从高维输入空间变换到低维隐

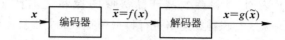

图 3.42　自编码器示意图

含空间，即学习到数据的隐含表示；隐含层到输出层为解码器，利用学习到的隐含特征重构逼近原始输入数据的输出。图 3.43 为典型的自编码器结构示意图，输入层的 x_1，x_2，$\cdots$，x_n 通过编码器的编码过程得到隐藏层的低维向量，再通过解码器重构输出逼近输入的 x_1，x_2，$\cdots$，x_n。

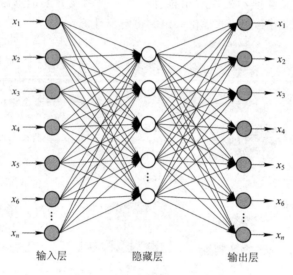

图 3.43　自编码器结构示意图

受去噪自编码器的启发，Ngiam 等人将自编码器扩展到多模态情景下[100]。他们训练了一个两模态深度自编码器来学习音频和视频模态的共享表示。图 3.44 为两模态深度自编码器结构示意图，该自编码器首先从音频输入和视频输入中分别得到音频表示向量和视频表示向量，然后经过编码融合得到共享表示向量，最后经过解码器得到音频重建向量和

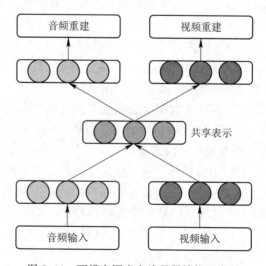

图 3.44　两模态深度自编码器结构示意图

视频重建向量。在该模型中,将两个独立的自编码器组合在共同的隐表示层中,同时保持编码器和解码器的独立性。

该模型的基本优化目标是最小化两种模态的重建损失,即

$$\text{Loss} = \sum_{i=1}^{N} (\| v_i - \hat{x}_i \|_2^2 + \| y_i - \hat{y}_i \|_2^2) \tag{3-69}$$

其中,(x_i, y_i) 表示一组输入,$(\hat{x}_i, \hat{y}_i)$ 表示它们的重建输出。该模型依赖于共享的表示向量,能够有效地捕获交叉模态的相关性,即使在其中一个模态缺失的情况下,也可以对每一个模态进行重构。

与 Ngiam 的研究类似,Silberer 和 Lapata 提出了一种从文本和视觉输入中学习语义表征的变体[101]。除了重建损失外,还对分类损失进行了优化,以保证根据学习到的潜在表示来区分不同对象的能力。另一种变体是 Wang 等人提出的模型[102],该模型对权值进行正交正则化,以减少学习表示中的冗余。

与上述模型学习的公共子空间中的表示向量的思路不同,Feng 等人提出学习每个模态的独立而相关的表示向量[103]。在他们的模型中,每个模态都是通过单独的自编码器进行编码的。除了两种模态的重建损失,该模型最小化了模态之间的相似性损失,从而可以捕获它们之间的相关性。他们表示,两种损失之间的平衡对于模型更好的表现至关重要。Wang 等人也采用了这一观点,他们对不同模态的重建损失给予了不同的权重[104]。

自编码器可以用来提取多种模态的中间特征。一般来说,这类模型可以分为两个阶段。首先在第一阶段中,基于无监督学习,通过分离的自编码器来提取模态特征。在第二阶段中,执行一个特殊的监督学习过程以捕获交叉模态相关性。例如,Hong 等人根据从自编码器学习的特性来学习从一种模态到另一种模态的映射[105]。具体而言,为了从一系列图像,特别是视频中生成视觉和语义上有效的人体骨架,Hong 提出了一种多模态深度自编码器来捕捉图像和姿态之间的融合关系。此多模态深度自编码器通过三个阶段的策略训练,用于构造二维图像和三维姿态之间的非线性映射。在特征融合阶段,利用多视图超图低秩表示,从定向梯度直方图和形状上下文等一系列图像特征构建模态内部的二维表示。在第二阶段,对一层自编码器进行训练,即通过重建二维图像间特征来恢复三维位姿的抽象表示。同时,用类似的方法训练一个单层自编码器来学习三维姿态的抽象表示。在得到每一个单一模态的抽象表示后,网络通过最小化两种模态表示之间的平方欧氏距离来学习二维图像和三维姿态之间的多模态相关性。所提出的多模态深度自编码器的学习由初始化阶段和微调阶段组成。初始化时,从相应的自编码器和神经网络中复制多模态深度自编码器各子部分的参数。然后利用随机梯度下降算法对整个模型进行参数变换,从相应的二维图像中构造出三维姿态。另一个例子是 Liu 等人基于自编码器,分别提取模态特征,然后通过监督学习将它们融合到神经网络中[106]。

自编码器有两个优点:第一个优点是学习的隐表示向量可以保留输入数据的语义信息。从生成模型的角度来看,既然可以从这种隐表示向量中重构输入,那么可以相信,生成输入的关键因素已经被编码。第二个优点是它可以通过无监督的方式进行训练,不需要标签。但是,由于该模型主要是针对一般目的而设计的,为了提高其在特定任务中的性能,需要增加约束或监督学习过程。

3. 基于注意力机制的多模态数据融合方法

注意力机制允许模型将注意力集中在特征图的特定区域或特征序列的特定时间点上。注意力机制模仿了人类提取最显著信息进行识别的能力，通过该机制，不仅可以提高性能，而且可以提高特征表示的可解释性。注意力决策过程不是一次性地使用所有信息，而是选择性地将注意力集中在需要的场景部分，忽略不重要的部分。换句话说，注意力机制能够实现信息的过滤，降低噪声数据的影响。最近，这种方法已证明其在多种应用（例如视觉分类、神经机器翻译、语音识别、图像字幕、视频描述、视觉问答、跨模态检索和情感分析等）中有显著作用。

根据在选择特征区域的时候是否使用键(key)，可以将注意力机制分成两类：基于键的注意力机制和无键注意力机制。根据这两种注意力机制又发展起来多种多模态数据融合方案。

1）基于键的注意力机制及其多模态融合方案

基于键的注意力机制使用键值来搜索显著的局部特征，图 3.45 为基于键的注意力机制的典型结构示意图。

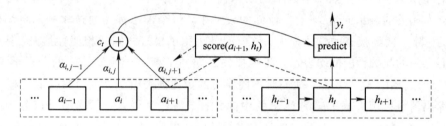

图 3.45　基于键的注意力机制的典型结构示意图

卷积神经网络将图像转码为一个特征集 $\{a_i\}$，然后递归神经网络将输入的序列转化为隐藏层状态集 $\{h_t\}$，在 t 时刻，预测值 y_t 是由 h_t 和 c_t 所决定的，c_t 是由 a_t 所计算出来的。在从特征集 $\{a_i\}$ 中提取关键特征 c_t 的过程中，此刻的隐藏层状态 h_t 起到键的作用，具体计算过程如下：

$$e_{ti} = \text{score}\,(\boldsymbol{a}_i,\,\boldsymbol{h}_t) \tag{3-70}$$

$$\alpha_{ti} = \frac{\exp(e_{ti})}{\sum_{i=1}^{L}\exp(e_{ti})} \tag{3-71}$$

$$\boldsymbol{c}_t = \sum_{i=1}^{L}\alpha_{ti}\boldsymbol{a}_i \tag{3-72}$$

$$\text{score}(\boldsymbol{a}_i,\,\boldsymbol{h}_t) = \begin{cases} \boldsymbol{h}_t^{\mathrm{T}}\boldsymbol{a}_i \\ \boldsymbol{h}_t^{\mathrm{T}}W_a\boldsymbol{a}_i \\ \boldsymbol{v}_a^{\mathrm{T}}\tanh(W_a[\boldsymbol{h}_t;\,\boldsymbol{a}_i]) \end{cases} \tag{3-73}$$

基于键的注意力机制在视觉描述类的问题上应用广泛。它提供了一种方法来评估一个模态内或模态间特征的重要性。注意力机制一方面可用于在多种模态融合过程中平衡各模态之间的贡献，另一方面可用于选择模态中最显著的特征。

平衡不同模态的贡献是融合多模态特征时应考虑的关键问题。与连接或固定权重融合方法相比，基于注意力的多模态数据融合方法可以自适应地平衡不同模态的贡献。Li 等人基于注意力机制提出了多模态对抗表示网络（Multimodal Adversarial Representation

Network，MARN)[107]，用于点击率(Click-Through Rate，CTR)预估任务。多模态注意力融合网络示意图如图 3.46 所示，多模态注意力融合网络首先会根据每一物品的模态特征计算其不同模态特征的权重，用于动态地调整不同模态信息对于物品模态专用表示向量的贡献。物品的 ID、图像和文本等模态信息经过特征提取得到嵌入向量，再经过多层感知机的特殊映射，得到模态专用表示向量。接着将 ID 模态、图像模态和文本模态的专用表示向量分别输入到 ID 注意力网络、图像注意力网络和文本注意力网络后，得到各模态的注意力权重，根据该注意力权重平衡三种模态的贡献，得到多模态物品表示向量，具体计算如下：

$$z_i = \sum_{m=1}^{M} \mathrm{atten}_i^m \odot z_i^m \qquad (3-74)$$

$$\mathrm{atten}_i^m = \tanh(W_m^\mathrm{T} \cdot z_i^m + b_m) \qquad (3-75)$$

其中，z_i 为模态专用表示向量，atten_i^m 控制模态 m 的注意力权重。

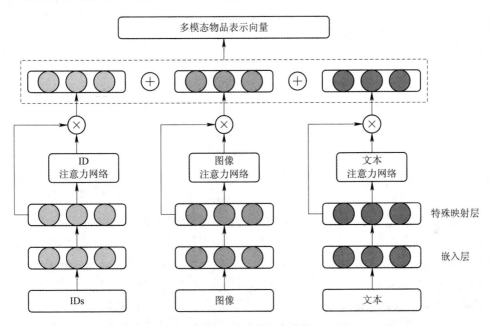

图 3.46 多模态注意力融合网络示意图

在下一步骤中，多模态对抗网络使用双鉴别器策略学习模态恒定表示向量。多模态对抗网络是多模态注意力融合网络的补充，主要用于消除多模态特征中包含的冗余信息。最后，通过结合模态专用表示向量和模态恒定表示向量，得到多模态物品表示向量，实现了多模态信息融合。

同样是为了在多种模态融合过程中平衡各模态之间的贡献，Hori 等人提出了基于注意力机制的视频描述的多模态融合的方法[108]。该方法除了关注特定的区域和时间步外，还强调关注特定的模态的信息。在提取出模态特征后，注意力模块根据上下文生成合适的权重，将不同模态的特征进行组合。Lu 等人引入了自适应注意力框架[109]来决定在生成字幕时是否包含视觉特征的问题。他们认为，一些单词，比如"the"，与任何视觉物体都没有关系。因此，在这种情形中不需要任何视觉特性。假设视觉特征被排除在外，解码器就会只根据语言特征来预测单词。注意力机制可以用来判断此种情形是否发生。

在识别和描述包含在视觉模态中的对象的场景中，隐编码不同对象的一组局部区域特征向量，会比单一的特征向量更有帮助。通过动态选择图像中最突出的区域或视频序列的时间步，可以提高系统的性能和噪声容忍度。例如，Xu 等人采用注意力机制检测图像中显著的目标，并将其与文本特征融合到解码器中[110]。在此场景中，根据在当前时间步 t 生成的文本，注意力模块被用于搜索适合预测下一个单词的局部区域。

为了更准确地定位局部特征，Yang 等人提出了一种用于搜索图像区域的堆叠注意力网络[111]。他们认为，多步的搜索或推理有助于定位到细粒度的区域。模型首先以语言特征为键，通过注意力机制定位图像中的一个或多个局部区域，然后将所关注的视觉特征和语言特征组合成一个向量，作为下一个迭代器使用的键。K 步后，不仅找到了合适的局部区域，而且融合了这两个特征。

2）无键注意力机制及其多模态融合方案

无键注意力机制主要用于分类或回归任务。在这样的应用场景中，由于结果是在单一步骤中生成的，很难定义一个键来引导注意力模块。或者，注意力机制是直接应用于局部特征的，不涉及任何键。公式如下：

$$e_i = \text{score}\,(\boldsymbol{a}_i) \tag{3-76}$$

$$\alpha_i = \frac{\exp(e_i)}{\sum_{i=1}^{L} \exp(e_i)} \tag{3-77}$$

$$c_i = \sum_{i=1}^{L} \alpha_i \boldsymbol{a}_i \tag{3-78}$$

$$\text{score}(\boldsymbol{a}_i) = \begin{cases} \boldsymbol{v}^{\text{T}} \boldsymbol{a}_i \\ \boldsymbol{v}^{\text{T}} \tanh(\boldsymbol{W} \boldsymbol{a}_i) \end{cases} \tag{3-79}$$

由于无键注意力机制具有可以从原始输入中选择显著的线索的性质，因此无键注意机制适用于存在语义冲突、重复和噪声等问题的多模态特征融合任务。注意力机制提供了一种评价不同形态之间的关系的方法，这些形态之间可以是互补（Complementary）的，也可以是补充（Supplementary）的。通过从不同的模态中选择互补的特征并将它们融合到一个单一的表示中，可以减少语义歧义。

无键注意力机制在多模态融合中的优势已在多种应用中得到证实。例如 Zadeh 等人基于无键注意力机制提出了一个新的多视图顺序学习神经模型——记忆融合网络（Memory Fusion Network，MFN）[113]，用于多视图顺序学习问题。图 3.47 为 MFN 构架示意图。MFN 使用第一个组件 LSTMs 系统（其包含多个 LSTM 网络）对每个视图进行独立编码。在这个 LSTMs 系统中，每个视图都被赋予一个 LSTM 网络来对特定视图中的动态内容进行建模。MFN 的第二个组件称为 Delta-memory 注意力网络（Delta-memory Attention Network，DMAN），它能够通过 LSTMs 系统中的"记忆"来发掘跨视图交互。具体而言，Delta-memory 注意力网络通过将关联分数与每个 LSTM 网络的"记忆"联合来标识跨视图的交互。MFN 的第三个组件在多视图门控记忆网络中存储随时间推移的跨视图信息。多视图门控记忆网络根据 Delta-memory 注意力网络的输出和之前存储的内容更新它的内容，其作为一个动态内存模块，用于学习贯穿整个顺序数据中关键的跨视图交互。最终的预测是通过整合特定视图和跨视图信息来实现的。

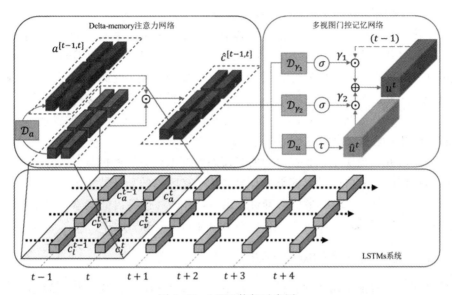

图 3.47　MFN 构架示意图

　　多模态特征融合的一个特殊问题是融合多个可变长度序列的特征，如视频、音频、句子或一组局部特征。解决这个问题的一个简单方法是通过注意力机制独立地融合每个序列。每个序列组合成固定长度的加权表示向量后，它们将被连接或融合成单个向量。这种方法有利于融合多个序列，即使是在它们的长度不同的情况下，在多模态数据集中也很常见。然而，这种简化的方法没有明确地考虑模态之间的交互，因此可能忽略了细粒度的跨模态关系。

　　近年来，人们提出了一种新的学习策略——多注意力机制，它利用多个注意力模块从相同的输入数据中提取不同类型的特征。一般来说，每一种特征都位于一个不同的子空间中，反映出不同的语义。

　　例如，2020 年 Zhu 等人提出利用多头注意力机制来对多模态输入内容进行融合编码[114]。在视频与文本自监督学习中存在无法更好地将视频与文字进行匹配的问题。为了解决这一问题，Zhu 等人设计了 ActBERT 网络，将全局动作视频特征、局部区域视频特征和语言描述同时作为信息源进行输入，然后利用多头注意力机制（他们称之为纠缠编码模块）提取多模态特征。该纠缠编码模块引入了两个多头注意力模块，每个模块都将动作作为查询，从文字输入或区域输入中分别获取相关信息，并将输出作为另外一个模态的输入。具体操作如下：

$$c_w = \text{multihead}(\boldsymbol{W}_q^1 \boldsymbol{h}_a, \boldsymbol{W}_k^w \boldsymbol{h}_w, \boldsymbol{W}_v^w \boldsymbol{h}_w) \tag{3-80}$$

$$c_r = \text{multihead}(\boldsymbol{W}_q^2 \boldsymbol{h}_a, \boldsymbol{W}_k^r \boldsymbol{h}_r, \boldsymbol{W}_v^r \boldsymbol{h}_r) \tag{3-81}$$

其中，$\boldsymbol{h}_a$、$\boldsymbol{h}_w$、$\boldsymbol{h}_r$ 分别表示全局动作特征、文本特征和局部区域特征，$\boldsymbol{W}_q^1 \boldsymbol{h}_a$、$\boldsymbol{W}_q^2 \boldsymbol{h}_a$ 分别为两个多头注意力模块的查询语句，$\boldsymbol{W}_k^w \boldsymbol{h}_w$、$\boldsymbol{W}_k^r \boldsymbol{h}_r$ 分别为两个多头注意力模块的键，而 $\boldsymbol{W}_v^w \boldsymbol{h}_w$、$\boldsymbol{W}_v^r \boldsymbol{h}_r$ 分别为两个多头注意力模块的值。

　　同样的，Zadeh 等人也使用多头注意力机制来发现不同模态之间的交互作用[115]。在他们的模型中，将 t 时刻所有模态得到的隐藏层状态 h_t^m 连接成一个向量 $\boldsymbol{h}_t$，然后多头注意力机制应用于 $\boldsymbol{h}_t$ 上面去抽取 K 个独立的反映跨模态关系的权重向量。接下来，将所有 K 个向量融合成一个向量，表示 t 时刻模态间的共享隐藏状态。

另一个例子是 Zhou 等人的模型[116]，其融合了基于多头注意机制的用户行为的异构特征。在这个模型中，用户行为类型可以被视为相互独立的模态，因为不同类型的行为具有独特的属性。他们认为用户行为的语义会受到上下文的影响。因此，该行为的语义强度也取决于语境。首先，模型将所有类型的行为投射到一个连接的向量 Z 中，Z 是一个全局特征，在注意力模块中充当上下文。然后将 Z 投影到 K 个隐语义子空间中表示不同的语义。最后，模型通过注意模块融合这 K 个子空间。

其他一些研究也证明了基于注意力的多模态特征融合方法的前景[116]。

注意力机制的优点之一是其能够选择显著的、有区别的局部特征，这不仅可以提高多模态表征的性能，而且可以提高可解释性。此外，通过选择突出的线索，该技术还可以帮助解决诸如噪声等问题，并有助于将互补语义融合到多模态表示中。

3.3.3　基于图神经网络的融合方法

图神经网络是对图结构数据进行特征提取的重要手段，在多模态特征学习中，图神经网络不仅适用于各个模态内的拓扑关系建模，还适用于多个模态间的拓扑关系建模，因此，图神经网络在多模态融合学习中有着重要作用。基于谱分析的图神经网络是最常见的一种图神经网络，其主要思想是相邻节点的特征传播，其中特征消息传播的一般表达式可以表示为

$$z_i^{(l+1)} = \sigma(\operatorname*{aggregate}_{j \in N(i)}(g(z_i^{(l)}, z_j^{(l)}))) \qquad (3-82)$$

其中，各个节点在图神经网络第 l 层的特征向量表示为 $z_i^{(l)}$，$g(*)$ 为消息映射函数，用于构建消息特征，而 $N(i)$ 表示节点的邻接节点的集合，aggregate 表示对不同相邻节点传播过来的消息进行汇集，可以采用级联、最大池化、平均池化等函数，σ 表示非线性激活函数。图卷积神经网络(Graph Convolutional Network，GCN)是基于谱分析的图神经网络中具有代表性的模型，其工作原理如下。

首先，图卷积神经网络需要构建关系拓扑。图模型可定义为 $G=(V, A)$，其中 $V=\{v_1, \cdots, v_n\}$ 为所有节点的集合，$A \in \mathbf{R}^{n \times n}$ 是对称(稀疏)的邻接矩阵，a_{ij} 表示节点 v_i 和 v_j 的权重，定义矩阵 $D=\operatorname{diag}(d_1, \cdots, d_n)$ 为对角矩阵，且定义 $d_i = \sum_j a_{ij}$，此外图中每个节点 v_i 对应 D 维的特征向量 $x_i \in \mathbf{R}^D$。

然后，利用特征传播算法将图网络各个节点的特征通过相邻关系进行传播。如图 3.48 所示，图卷积神经网络通过多层网络对每个特征向量进行学习，即 $X=[x_1, x_2, \cdots, x_n]$，对于第 k 层卷积层输入矩阵为 $Z^{(k-1)}$ 和输出节点 $Z^{(k)}$，$Z^{(k)}=[z_1^{(k)}, z_2^{(k)}, \cdots, z_n^{(k)}]$，最初的输入特征表示为 $Z^{(0)}=X$。利用卷积神经网络中的特有的特征传播方式提取关系特征，具体来说，每层中的每个节点的特征可以表示为对该节点的局部邻接节点的平均，即

$$\bar{z}_i^{(k)} \leftarrow \frac{1}{d_i+1} z_i^{(k-1)} + \sum_{j=1}^{n} \frac{a_{ij}}{\sqrt{(d_i+1)(d_j+1)}} z_j^{(k-1)} \qquad (3-83)$$

用矩阵运算可表示为正则化邻接矩阵 $S = \tilde{D}^{-\frac{1}{2}} \tilde{A} \tilde{D}^{-\frac{1}{2}}$，其中 $\tilde{A}=A+I$，$\tilde{D}$ 是 $\tilde{A}$ 的对角矩阵，则可以将上式变换为简单的稀疏矩阵乘法 $\tilde{Z}^{(k)} \leftarrow SZ^{(k-1)}$。接着用线性变换和非线性变换，即每个卷积层学习参数矩阵 $\Theta^{(k)}$，并通过非线性激活函数 σ 得到该卷积层的输出 $Z^{(k)}$，即

$$\boldsymbol{Z}^{(k)} \leftarrow \sigma(\widetilde{\boldsymbol{Z}}^{(k)} \boldsymbol{\Theta}^{(k)}) \tag{3-84}$$

最后,进行特征间关系提取,将图卷积神经网络输出的特征表示通过池化或级联等方式对关系拓扑图进行特征提取,得到图结构数据在不同阶层的抽象表示。

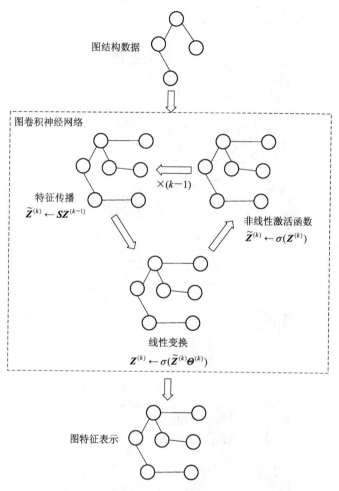

图 3.48　图卷积神经网络工作原理示意图

图神经网络还可以根据任务的不同进行网络结构的修改,除了图卷积神经网络之外还有图注意力网络(Graph Attention Network,GAT)、关系图卷积神经网络(Relational Graph Convolutional Network,R-GCN),这些图神经网络结构旨在实现具有不同结构、不同特征关系的图网络特征提取。另外,图神经网络可以利用图结构所具有特点进行特征传播,并利用引入知识图谱中还没有的知识进行迁移,因此相比于传统神经网络,具有可推理性和可解释性,为构建可解释的多模态特征学习奠定了基础。

在异源多模态场景下,Lu 等人提出了一个跨模共享特定特征传输算法(Cross-Modality Shared-Specific Feature Transfer algorithm,cm-SSFT)[117]来融合从光学传感器中得到的 RGB 图像和从红外传感器中得到的红外图像特征,主要解决以往的研究中只专注于将不同的模态嵌入到同一个特征空间中来学习共同的表达,而忽视了特征的差异性的问题。cm-SSFT 模型根据模态共有特征建立不同模态样本的亲和力模型,然后在模态之间传递模态共有的特征和模态特定的特征。cm-SSFT 模型构架如图 3.49 所示。

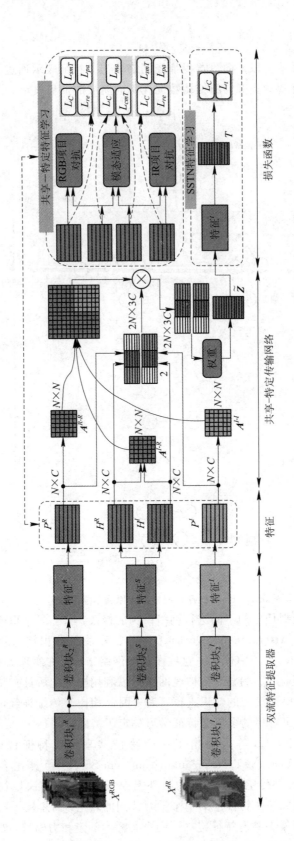

图3.49　cm-SSFT模型架构示意图

cm-SSFT 模型的执行流程分为以下三个步骤：

（1）cm-SSFT 模型通过基于卷积神经网络的双流特征提取器（Two-stream Feature Extractor），提取 RGB 图像模态和红外图像模态的模态共有特征（图 3.49 中特征 S）和模态特定的特征（RGB 图像模态为特征 R，红外图像模态的模态为特征 I）。为了保证这两种模态特征是可区分的，此处使用分类损失函数来降低模型输出的模态分类与输入图像的真实模态的差别，保证图像输出的模态分类和该图像输入时的模态是相同的。

（2）将得到的特征输入到共享-特定传输网络（Shared-Specific Transfer Network，SSTN）中进行融合。在 SSTN 网络中，首先构建亲和力矩阵 A，即图 3.49 中由 A^{R-R}、A^{I-R}、A^{I-I} 子矩阵所组成的矩阵，并求得该矩阵的对角矩阵 D，对角矩阵 D 中的每一个元素 $d_{ii} = \sum_j A_{ij}$。然后将样本的 RGB 特征向量与红外特征向量级联起来得到向量 Z，即

$$Z = \begin{bmatrix} Z^R \\ Z^I \end{bmatrix} \tag{3-85}$$

式中，Z^R 为物品在 RGB 模态下的向量表示，Z^I 为物品在红外模态下的向量表示。

（3）采用类似于图卷积网络的结构从邻居节点中传播信息到目标节点，即

$$\widetilde{Z} = \begin{bmatrix} \widetilde{Z}^R \\ \widetilde{Z}^I \end{bmatrix} = \sigma(D^{-\frac{1}{2}} A D^{-\frac{1}{2}} Z W) \tag{3-86}$$

式中，$\widetilde{Z}$ 为聚合后的样本的特征向量。SSTN 实现了在模态之间传递模态共有的特征和模态特定的特征，达到了特征融合和弥补缺乏的特定信息并增强共享特征的目的。

基于图神经网络的多模态数据融合能够聚合图结构中邻居节点的信息，传递更多的多模态数据信息，提高后续任务的表现结果，并提高模型的可解释性。同时，基于图神经网络的多模态数据融合还属于新兴的研究方向，相关研究成果较少，仍存在一些挑战，还需要进一步研究。

3.4　多模态数据融合发展方向

如今人们对于多模态数据融合已经有很多研究，但仍存在一些问题亟待解决。

1. 压缩海量参数问题

在多模态数据融合的深度学习模型中存在大量的自由权重，特别是冗余参数，这些参数对于后续的任务影响不大。为了训练这些参数获取数据的特征结构，需要将大量的数据输入基于反向传播算法的多模态数据融合深度学习模型，计算量大，耗时长。为了提高权重学习效率，反向传播算法的一些并行算法已经在 CPU 集群、GPU 集群、云平台等计算密集型架构上执行。多模态数据融合深度学习模型的规模在很大程度上取决于训练设备的计算能力。然而，当前高性能设备的计算能力的增长速度落后于多模态数据的增长速度。在现有体系结构的高性能计算设备上训练的多模态数据融合深度学习模型，不易学习体积不断增大的多模态数据的特征结构。因此，深度学习对多模态数据融合特征学习的一个未来研究可能性是设计具有更强大计算架构的新的学习框架。此外，自由参数压缩这一提高训练效率的有效方法在深度学习中对单模态数据特征学习也取得了很大进展。因此，如何结合当前的压缩策略设计新的多模态深度学习压缩方法也是一个潜在的研究方向。

2．缓解低质量数据问题

多模态数据融合的主要目的是利用不同模态的数据进行信息互补融合，联合学习各模态数据的潜在共享信息，进而提升后续任务的效果。但是当利用多种模态的数据时会面临有些模态数据缺失或模糊的现象，如何处理这些不完整的模态实例是现在所存在的一个普遍问题。处理这个问题的一个最简单的方法就是将不完整模态实例进行删除，然后利用剩余多模态数据实例进行融合。但当不完整模态实例占比较高时，删除实例会影响后续任务的效果。当前还有一些方法通过缺失值填充来对不完整多模态数据进行预处理，也能够减轻模态数据缺失的影响。另外某些模态的数据可能会出现标签错误、模糊的问题，现在也有一些基于弱监督学习的模型对这些噪声数据进行识别与纠正。因此，如何利用低质量的多模态数据进行融合也是一个未来的研究方向。

3．利用实时数据问题

现有多模态数据融合的研究大多是建立在静态的多模态数据集之上的，即所使用的数据集中不会添加新的实例。但在实际应用中，数据是实时被生产出来并得到应用的，这就对模型的实时性提出了要求。如何在已有的经过大量多模态数据训练的模型上，利用新产生的多模态数据进行再训练，是现在研究的一个难点。因此如何进行增量多模态数据的融合也是一个未来的研究方向。

本 章 小 结

本章介绍了多模态数据融合的主要研究内容。首先，对多模态数据融合的整体情况进行了综述，包括多模态数据融合的背景与意义、国内外现状、数据集的举例和性能评判准则。然后，详细地介绍了模态数据融合的传统方法的原理及实例，包括基于规则的融合方法、基于分类的融合方法和基于估计的融合方法。随后介绍了多模态数据融合近几年常用的前沿方法的理论及应用，包括基于池化的融合方法、基于深度学习的融合方法和基于图神经网络的融合方法。最后介绍了多模态数据融合面临的问题以及未来的发展方向。

本章参考文献

[1] MORENCY L P，DE KOK I，GRATCH J. A probabilistic multimodal approach for predicting listener backchannels[J]. Autonomous Agents and Multi-Agent Systems，2010，20(1)：70-84.

[2] BOUSMALIS K，ZAFEIRIOU S，MORENCY L P，et al. Variational infinite hidden conditional random fields[J]. IEEE transactions on pattern analysis and machine intelligence，2015，37(9)：1917-1929.

[3] TSAI Y H H，LIANG P P，ZADEN A，et al. Learning factorized multimodal representations[J]. arXiv preprint arXiv：1806.06176，2018.

[4] WANG Y，SHEN Y，LIU Z，et al. Words can shift：Dynamically adjusting word representations using nonverbal behaviors[C]//Proceedings of the AAAI Conference on Artificial Intelligence. 2019，33：7216-7223.

[5] WANG H，MEGHAWAT A，MORENCY L P，et al. Select-additive learning：Improving generalization in multimodal sentiment analysis [C]//2017 IEEE International Conference on

Multimedia and Expo (ICME). IEEE, 2017: 949-954.

[6] PHAM H, LIANG P P, MANZINI T, et al. Found in translation: Learning robust joint representations by cyclic translations between modalities[C]//Proceedings of the AAAI Conference on Artificial Intelligence. 2019, 33: 6892-6899.

[7] PEI W, BALTRUSAITIS T, TAX D M J, et al. Temporal attention-gated model for robust sequence classification[C]//Proceedings of the IEEE Conference on Computer Vision and Pattern Recognition. 2017: 6730-6739.

[8] ZADEH A, LIANG P P, MAZUMDER N, et al. Memory fusion network for multi-view sequential learning[J]. arXiv preprint arXiv: 1802.00927, 2018.

[9] CAMBRIA E, HAZARIKA D, PORIA S, et al. Benchmarking multimodal sentiment analysis[C]// International Conference on Computational Linguistics and Intelligent Text Processing. Springer, Cham, 2017: 166-179.

[10] ZADEH A, CHEN M, PORIA S, et al. Tensor fusion network for multimodal sentiment analysis [J]. arXiv preprint arXiv: 1707.07250, 2017.

[11] MAJUMDER N, HAZARIKA D, GELBUKH A, et al. Multimodal sentiment analysis using hierarchical fusion with context modeling[J]. Knowledge-based systems, 2018, 161: 124-133.

[12] CHATURVEDI I, SATAPATHY R, CAVALLARI S, et al. Fuzzy commonsense reasoning for multimodal sentiment analysis[J]. Pattern Recognition Letters, 2019, 125: 264-270.

[13] PORIA S, CAMBRIA E, BAJPAI R, et al. A review of affective computing: From unimodal analysis to multimodal fusion[J]. Information Fusion, 2017, 37: 98-125.

[14] CHEN Y C, LI L, YU L, et al. Uniter: Learning universal image-text representations[J]. arXiv preprint arXiv: 1909.11740, 2019.

[15] LI L, CHEN Y C, CHENG Y, et al. HERO: Hierarchical Encoder for Video+ Language Omni-representation Pre-training[J]. arXiv preprint arXiv: 2005.00200, 2020.

[16] LI C, LIANG X, LU Y, et al. RGB-T object tracking: benchmark and baseline[J]. Pattern Recognition, 2019, 96: 106977.

[17] LI C, WU X, ZHAO N, et al. Fusing two-stream convolutional neural networks for RGB-T object tracking[J]. Neurocomputing, 2018, 281: 78-85.

[18] ZHU Y, LI C, LUO B, et al. FANet: Quality-Aware Feature Aggregation Network for Robust RGB-T Tracking[J]. arXiv preprint arXiv: 1811.09855, 2018.

[19] LI C, ZHU C, ZHANG J, et al. Learning local-global multi-graph descriptors for rgb-t object tracking[J]. IEEE Transactions on Circuits and Systems for Video Technology, 2018, 29(10): 2913-2926.

[20] NIU T, ZHU S, PANG L, et al. Sentiment analysis on multi-view social data[C]//International Conference on Multimedia Modeling. Springer, Cham, 2016: 15-27.

[21] MAO J, XU J, JING K, et al. Training and evaluating multimodal word embeddings with large-scale web annotated images[C]//Advances in neural information processing systems. 2016: 442-450.

[22] ZAHIRI S M, CHOI J D. Emotion detection on tv show transcripts with sequence-based convolutional neural networks[J]. arXiv preprint arXiv: 1708.04299, 2017.

[23] PORIA S, HAZARIKA D, MAJUMDER N, et al. Meld: A multimodal multi-party dataset for emotion recognition in conversations[J]. arXiv preprint arXiv: 1810.02508, 2018.

[24] CHEN C, JAFARI R, KEHTARNAVAZ N. UTD-MHAD: A multimodal dataset for human action

recognition utilizing a depth camera and a wearable inertial sensor[C]//2015 IEEE International conference on image processing (ICIP). IEEE, 2015: 168 - 172.

[25] OFLI F, CHAUDHRY R, KURILLO G, et al. Berkeley mhad: A comprehensive multimodal human action database[C]//2013 IEEE Workshop on Applications of Computer Vision (WACV). IEEE, 2013: 53 - 60.

[26] ESCALERA S, BARÓ X, GONZALEZ J, et al. Chalearn looking at people challenge 2014: Dataset and results[C]//European Conference on Computer Vision. Springer, Cham, 2014: 459 - 473.

[27] WU A, ZHENG W S, YU H X, et al. Rgb-infrared cross-modality person re-identification[C]// Proceedings of the IEEE international conference on computer vision. 2017: 5380 - 5389.

[28] JAIN A, NANDAKUMAR K, ROSS A. Score normalization in multimodal biometric systems[J]. Pattern recognition, 2005, 38(12): 2270 - 2285.

[29] HAMPEL F R, RONCHETTI E M, ROUSSEEUW P J, et al. Robust statistics: the approach based on influence functions[M]. John Wiley & Sons, 2011.

[30] NETI C, MAISON B, SENIOR A W, et al. Joint processing of audio and visual information for multimedia indexing and human-computer interaction[C]//RIAO. 2000: 294 - 301.

[31] LUCEY S, SRIDHARAN S, CHANDRAN V. Improved speech recognition using adaptive audio-visual fusion via a stochastic secondary classifier[C]//Proceedings of 2001 International Symposium on Intelligent Multimedia, Video and Speech Processing. ISIMP 2001 (IEEE Cat. No. 01EX489). IEEE, 2001: 551 - 554.

[32] IYENGAR G, NOCK H J, NETI C. Audio-visual synchrony for detection of monologues in video archives[C]//2003 IEEE International Conference on Acoustics, Speech, and Signal Processing, 2003. Proceedings. (ICASSP03). IEEE, 2003, 5: V - 772.

[33] FORESTI G L, SNIDARO L. A distributed sensor network for video surveillance of outdoorenvironments[C]//Proceedings. International Conference on Image Processing. IEEE, 2002, 1: I-I.

[34] RADOVÁ V, PSUTKA J. An approach to speaker identification using multiple classifiers[C]//1997 IEEE International Conference on Acoustics, Speech, and Signal Processing. IEEE, 1997, 2: 1135 - 1138.

[35] PFLEGER N. Context based multimodal fusion[C]//Proceedings of the 6th international conference on Multimodal interfaces. 2004: 265 - 272.

[36] HOLZAPFEL H, NICKEL K, STIEFELHAGEN R. Implementation and evaluation of a constraint-based multimodal fusion system for speech and 3D pointing gestures[C]//Proceedings of the 6th international conference on Multimodal interfaces. 2004: 175 - 182.

[37] BABAGUCHI N, KAWAI Y, KITAHASHI T. Event based indexing of broadcasted sports video by intermodal collaboration[J]. IEEE transactions on Multimedia, 2002, 4(1): 68 - 75.

[38] ADAMS W H, IYENGAR G, LIN C Y, et al. Semantic indexing of multimedia content using visual, audio, and text cues[J]. EURASIP Journal on Advances in Signal Processing, 2003, 2003 (2): 987184.

[39] IYENGAR G, NOCK H J. Discriminative model fusion for semantic concept detection and annotation in video[C]//Proceedings of the eleventh ACM international conference on Multimedia. 2003: 255 - 258.

[40] AYACHE S, QUÉNOT G, GENSEL J. Classifier fusion for SVM-based multimedia semantic indexing[C]//European Conference on Information Retrieval. Springer, Berlin, Heidelberg, 2007:

494 - 504.

[41] LODHI H, SAUNDERS C, SHAWE-TAYLOR J, et al. Text classification using string kernels [J]. Journal of Machine Learning Research, 2002, 2(Feb): 419 - 444.

[42] CANCEDDA N, GAUSSIER E, GOUTTE C, et al. Word-sequence kernels[J]. Journal of machine learning research, 2003, 3(Feb): 1059 - 1082.

[43] ZHU Q, YEH M C, CHENG K T. Multimodal fusion using learned text concepts for image categorization[C]//Proceedings of the 14th ACM international conference on Multimedia. 2006: 211 - 220.

[44] ATREY P K, KANKANHALLI M S, JAIN R. Information assimilation framework for event detection in multimedia surveillance systems[J]. Multimedia systems, 2006, 12(3): 239 - 253.

[45] PITSIKALIS V, KATSAMANIS A, PAPANDREOU G, et al. Adaptive multimodal fusion by uncertainty compensation[C]//Ninth International Conference on Spoken Language Processing. 2006.

[46] MEYER G F, MULLIGAN J B, WUERGER S M. Continuous audio - visual digit recognition using N-best decision fusion[J]. Information Fusion, 2004, 5(2): 91 - 101.

[47] XU H, CHUA T S. Fusion of AV features and external information sources for event detection in team sports video [J]. ACM Transactions on Multimedia Computing, Communications, andApplications (TOMM), 2006, 2(1): 44 - 67.

[48] SHAFER G. Dempster-shafer theory[J]. Encyclopedia of artificial intelligence, 1992, 1: 330 - 331.

[49] BENDJEBBOUR A, DELIGNON Y, FOUQUE L, et al. Multisensor image segmentation using Dempster-Shafer fusion in Markov fields context[J]. IEEE Transactions on Geoscience and Remote Sensing, 2001, 39(8): 1789 - 1798.

[50] MENA J B, MALPICA J A. Color image segmentation using the Dempster-Shafer theory of evidence for the fusion of texture[J]. International Archives of Photogrammetry Remote Sensing and Spatial Information Sciences, 2003, 34(3/W8): 139 - 144.

[51] GUIRONNET M, PELLERIN D, ROMBAUT M. Video classification based on low-level feature fusion model[C]//2005 13th European Signal Processing Conference. IEEE, 2005: 1 - 4.

[52] KRAAIJ W, SMEATON A F, OVER P, et al. Trecvid 2004-an introduction[J]. Proceedings of the TREC Video Retrieval Evaluation (TRECVID), 2004: 1 - 13.

[53] REDDY B S. Evidential reasoning for multimodal fusion in human computer interaction [D]. University of Waterloo, 2007.

[54] WANG Y, LIU Z, HUANG J C. Multimedia content analysis-using both audio and visual clues[J]. IEEE signal processing magazine, 2000, 17(6): 12 - 36.

[55] NEFIAN A V, LIANG L, PI X, et al. Dynamic Bayesian networks for audio-visual speech recognition[J]. EURASIP Journal on Advances in Signal Processing, 2002, 2002(11): 783042.

[56] BENGIO S. Multimodal authentication using asynchronous HMMs[C]//International Conference on Audio-and Video-Based Biometric Person Authentication. Springer, Berlin, Heidelberg, 2003: 770 - 777.

[57] NOCK H J, IYENGAR G, NETI C. Assessing face and speech consistency for monologue detection in video[C]//Proceedings of the tenth ACM international conference on Multimedia. 2002: 303 - 306.

[58] NOCK H J, IYENGAR G, NETI C. Speaker localisation using audio-visual synchrony: An empirical study [C]//International conference on image and video retrieval. Springer, Berlin,

Heidelberg, 2003: 488 - 499.

[59] BEAL M J, JOJIC N, ATTIAS H. A graphical model for audiovisual object tracking[J]. IEEE Transactions on Pattern Analysis and Machine Intelligence, 2003, 25(7): 828 - 836.

[60] FISHER III J W, DARRELL T, FREEMAN W, et al. Learning joint statistical models for audiovisual fusion and segregation[J]. Advances in neural information processing systems, 2000, 13: 772 - 778.

[61] NOULAS A K, KRÖSE B J A. EM detection of common origin of multi-modal cues[C]// Proceedings of the 8th international conference on Multimodal interfaces. 2006: 201 - 208.

[62] TOWN C. Multi-sensory and multi-modal fusion for sentient computing[J]. International Journal of Computer Vision, 2007, 71(2): 235 - 253.

[63] CHAISORN L, CHUA T S, LEE C H. A multi-modal approach to story segmentation for news video[J]. World Wide Web, 2003, 6(2): 187 - 208.

[64] DING Y, FAN G. Segmental hidden Markov models for view-based sport video analysis[C]//2007 IEEE Conference on Computer Vision and Pattern Recognition. IEEE, 2007: 1 - 8.

[65] XIE L, KENNEDY L, CHANG S F, et al. Layered dynamic mixture model for pattern discovery in asynchronous multi-modal streams [video applications][C]//Proceedings. (ICASSP'05). IEEE International Conference on Acoustics, Speech, and Signal Processing, 2005. IEEE, 2005, 2: ii/ 1053 - ii/1056 Vol. 2.

[66] WU Y, CHANG E Y, TSENG B L. Multimodal metadata fusion using causal strength[C]// Proceedings of the 13th annual ACM international conference on Multimedia. 2005: 872 - 881.

[67] MAGALHÀES J, RÜGER S. Information-theoretic semantic multimedia indexing[C]//Proceedings of the 6th ACM international conference on Image and video retrieval. 2007: 619 - 626.

[68] LOH A P, GUAN F, GE S S. Motion estimation using audio and video fusion[C]//ICARCV 2004 8th Control, Automation, Robotics and Vision Conference, 2004. IEEE, 2004, 3: 1569 - 1574.

[69] POTAMITIS I, CHEN H, TREMOULIS G. Tracking of multiple moving speakers with multiple microphone arrays[J]. IEEE Transactions on Speech and Audio Processing, 2004, 12(5): 520 - 529.

[70] STROBEL N, SPORS S, RABENSTEIN R. Joint audio-video object localization and tracking[J]. IEEE signal processing magazine, 2001, 18(1): 22 - 31.

[71] TALANTZIS F, PNEVMATIKAKIS A, POLYMENAKOS L C. Real time audio-visual person tracking[C]//2006 IEEE Workshop on Multimedia Signal Processing. IEEE, 2006: 243 - 247.

[72] ZHOU Q, AGGARWAL J K. Object tracking in an outdoor environment using fusion of features and cameras[J]. Image and Vision Computing, 2006, 24(11): 1244 - 1255.

[73] GEHRIG T, NICKEL K, EKENEL H K, et al. Kalman filters for audio-video source localization [C]//IEEE Workshop on Applications of Signal Processing to Audio and Acoustics, 2005. IEEE, 2005: 118 - 121.

[74] VERMAAK J, GANGNET M, BLAKE A, et al. Sequential Monte Carlo fusion of sound and vision for speaker tracking[C]//Proceedings Eighth IEEE International Conference on Computer Vision. ICCV 2001. IEEE, 2001, 1: 741 - 746.

[75] GATICA-PEREZ D, LATHOUD G, MCCOWAN I, et al. Audio-visual speaker tracking with importance particle filters[C]//Proceedings 2003 International Conference on Image Processing (Cat. No. 03CH37429). IEEE, 2003, 3: III - 25.

[76] ZOTKIN D N, DURAISWAMI R, DAVIS L S. Joint audio-visual tracking using particle filters[J].

EURASIP Journal on Advances in Signal Processing, 2002, 2002(11): 162620.

[77] NICKEL K, GEHRIG T, STIEFELHAGEN R, et al. A joint particle filter for audio-visual speakertracking[C]//Proceedings of the 7th international conference on Multimodal interfaces. 2005: 61 - 68.

[78] ZOTKIN D N, DURAISWAMI R, DAVIS L S. Joint audio-visual tracking using particle filters[J]. EURASIP Journal on Advances in Signal Processing, 2002, 2002(11): 162620.

[79] DEGOTTEX G, KANE J, DRUGMAN T, et al. COVAREP - A collaborative voice analysis repository for speech technologies. In Proc. IEEE International Conference on Acoustics, Speech and Signal Processing (ICASSP), 2014.

[80] LIU Z, SHEN Y, LAKSHMINARASIMHAN V B, et al. Efficient low-rank multimodal fusion with modality-specific factors[J]. arXiv preprint arXiv: 1806.00064, 2018.

[81] HOU M, TANG J, ZHANG J, et al. Deep multimodal multilinear fusion with high-order polynomial pooling[C]//Advances in Neural Information Processing Systems. 2019: 12136 - 12145.

[82] CARROLL J D, CHANG J J. Analysis of individual differences in multidimensional scaling via an N-way generalization of "Eckart-Young" decomposition[J]. Psychometrika, 1970, 35(3): 283 - 319..

[83] TUCKER L R. Some mathematical notes on three-mode factor analysis[J]. Psychometrika, 1966, 31(3): 279 - 311.

[84] KIM J, ON K W, LIM W, et al. Hadamard product for low-rank bilinear pooling. international conference on learning representations[J]. 2017.

[85] YU Z, YU J, FAN J, et al. Multi-modal factorized bilinear pooling with co-attention learning for visual question answering[C]//Proceedings of the IEEE international conference on computer vision. 2017: 1821 - 1830.

[86] YU Z, YU J, XIANG C, et al. Beyond bilinear: Generalized multimodal factorized high-order pooling for visual question answering[J]. IEEE transactions on neural networks and learning systems, 2018, 29(12): 5947 - 5959.

[87] TUCKER L R. Some mathematical notes on three-mode factor analysis[J]. Psychometrika, 1966, 31(3): 279 - 311.

[88] BEN-YOUNES H, CADENE R, CORD M, et al. Mutan: Multimodal tucker fusion for visual question answering[C]//Proceedings of the IEEE international conference on computer vision. 2017: 2612 - 2620.

[89] BEN-YOUNES H, CADENE R, THOME N, et al. Block: Bilinear superdiagonal fusion for visual question answering and visual relationship detection[C]//Proceedings of the AAAI Conference on Artificial Intelligence. 2019, 33: 8102 - 8109.

[90] HOCHREITER S, SCHMIDHUBER J. Long short-term memory[J]. Neural computation, 1997, 9 (8): 1735 - 1780.

[91] MA L, LU Z, SHANG L, et al. Multimodal convolutional neural networks for matching image andsentence[C]//Proceedings of the IEEE international conference on computer vision. 2015: 2623 - 2631.

[92] IANDOLA F N, HAN S, MOSKEWICZ M W, et al. SqueezeNet: AlexNet-level accuracy with 50x fewer parameters and< 0.5 MB model size[J]. arXiv preprint arXiv: 1602.07360, 2016.

[93] SZEGEDY C, LIU W, JIA Y, et al. Going deeper with convolutions[C]. the IEEE conference on computer vision and pattern recognition. 2015: 1 - 9.

[94] LV J, SONG B, GUO J, et al. Interest-related item similarity model based on multimodal data for

top-N recommendation[J]. IEEE Access, 2019, 7: 12809 – 12821.

[95] SIMONYAN K, ZISSERMAN A. Very deep convolutional networks for large-scale image recognition[J]. arXiv preprint arXiv: 1409.1556, 2014.

[96] HE K, ZHANG X, REN S, et al. Deep residual learning for image recognition[C]. the IEEE conference on computer vision and pattern recognition. 2016: 770 – 778.

[97] LE Q, MIKOLOV T. Distributed representations of sentences and documents[C]. International Conference on Machine Learning. 2014: 1188 – 1196.

[98] DEVLIN J, CHANG M W, LEE K, et al. Bert: Pre-training of deep bidirectional transformers for language understanding[J]. arXiv preprint arXiv: 1810.04805, 2018.

[99] SAHU G, VECHTOMOVA O. Dynamic Fusion for Multimodal Data[J]. arXiv preprint arXiv: 1911.03821, 2019.

[100] NGIAM J, KHOSLA A, KIM M, et al. Multimodal deep learning[C]//ICML. 2011.

[101] SILBERER C, LAPATA M. Learning grounded meaning representations with autoencoders[C]// Proceedings of the 52nd Annual Meeting of the Association for Computational Linguistics (Volume 1: Long Papers). 2014: 721 – 732.

[102] WANG D, CUI P, OU M, et al. Deep multimodal hashing with orthogonal regularization[C]// Twenty-Fourth International Joint Conference on Artificial Intelligence. 2015.

[103] FENG F, WANG X, LI R. Cross-modal retrieval with correspondence autoencoder [C]// Proceedings of the 22nd ACM international conference on Multimedia. 2014: 7 – 16.

[104] WANG W, OOI B C, YANG X, et al. Effective multi-modal retrieval based on stacked auto-encoders[J]. Proceedings of the VLDB Endowment, 2014, 7(8): 649 – 660.

[105] HONG C, YU J, WAN J, et al. Multimodal deep autoencoder for human pose recovery[J]. IEEE Transactions on Image Processing, 2015, 24(12): 5659 – 5670.

[106] LIU Y, FENG X, ZHOU Z. Multimodal video classification with stacked contractive autoencoders [J]. Signal Processing, 2016, 120: 761 – 766.

[107] LI X, WANG C, TTA J, et al. Adversarial Multimodal Representation Learning for Click-Through Rate Prediction[C]//Proceedings of The Web Conference 2020. 2020: 827 – 836.

[108] HORI C, HORI T, LEE T Y, et al. Attention-based multimodal fusion for video description[C]// Proceedings of the IEEE international conference on computer vision. 2017: 4193 – 4202.

[109] LU J, XIONG C, PARIKH D, et al. Knowing when to look: Adaptive attention via a visual sentinel for image captioning[C]//Proceedings of the IEEE conference on computer vision and pattern recognition. 2017: 375 – 383.

[110] XU K, BA J, KIROS R, et al. Show, attend and tell: Neural image caption generation with visual attention[C]//International conference on machine learning. 2015: 2048 – 2057.

[111] YANG Z, HE X, GAO J, et al. Stacked attention networks for image question answering[C]// Proceedings of the IEEE conference on computer vision and pattern recognition. 2016: 21 – 29.

[112] GAN C, LI Y, LI H, et al. Vqs: Linking segmentations to questions and answers for supervised attention in vqa and question-focused semantic segmentation [C]//Proceedings of the IEEE International Conference on Computer Vision. 2017: 1811 – 1820.

[113] ZADEH A, LIANG P P, MAZUMDER N, et al. Memory fusion network for multi-view sequential learning[J]. arXiv preprint arXiv: 1802.00927, 2018.

[114] ZHU L, YANG Y. ActBERT: Learning Global-Local Video-Text Representations [C]// Proceedings of the IEEE/CVF Conference on Computer Vision and Pattern Recognition. 2020:

8746 – 8755.

[115] ZADEH A, LIANG P P, PORIA S, et al. Multi-attention recurrent network for human communication comprehension[C]//Proceedings of the AAAI Conference on Artificial Intelligence. AAAI Conference on Artificial Intelligence. NIH Public Access, 2018, 2018: 5642.

[116] ZHOU C, BAI J, SONG J, et al. Atrank: An attention-based user behavior modeling framework for recommendation[J]. arXiv preprint arXiv: 1711.06632, 2017.

[117] LU Y, WU Y, LIU B, et al. Cross-modality Person re-identification with Shared-Specific Feature Transfer [C]//Proceedings of the IEEE/CVF Conference on Computer Vision and Pattern Recognition. 2020: 13379 – 13389.

第四章　多模态数据检索

本章将介绍多模态数据检索技术，首先讲述多模态检索背景及意义，然后介绍多模态检索技术的国内外研究现状。接着重点介绍多模态检索的传统方法以及前沿方法，并对每种方法进行详细解释与举例。最后，针对多模态数据检索技术面临的问题提出解决方案，并对未来发展方向进行展望。

4.1　多模态数据检索介绍

4.1.1　多模态数据检索背景及意义

近年来，由于不同类型的媒体数据，如文本、图像和视频在互联网上迅速增长，多模态数据应用日益广泛。不同类型的数据常被用于描述同一事件或主题，例如，一个网页通常不仅包含文字描述，还包含图像或视频来说明共同的内容。用户要想准确高效地搜索感兴趣的信息，多模态（跨模态）数据检索技术起着不可或缺的作用。多模态数据检索是针对查询和检索结果属于不同媒体类型的场景而设计的。针对一种模态的查询词，返回与之相关的其他不同模态的检索结果。图 4.1 所示为多模态数据检索示意图，用户可以使用文本或关键词来检索相关的图像、视频或音频。由于查询及检索的结果可能具有不同的模式，因此如何衡量不同模态数据之间的内容相似性仍然是一个具有挑战性的问题。

到目前为止，已经有多种研究技术对多媒体数据进行索引和搜索。然而，这些检索技术大多是基于单模态的，它们只对同一数据类型进行相似性检索，如文本检索、图像检索、音频检索和视频检索等，其检索结果很难达到用户的预期。如今，移动设备和新兴的社交网站（如微信、Facebook、YouTube 和抖音等）正在改变人们与世界的互动方式。如果用户可以将手头已经拥有的任何媒体内容作为查询内容来搜索感兴趣信息，将会带来很多便利。比如人们在参观故宫时，期望通过拍摄的照片来检索相关的文字资料，作为视觉引导。因此，跨模态检索作为一种自然的检索方式，显得越来越重要。此外，当用户通过提交任意媒体类型的数据来检索信息时，可以获得跨各种模态的检索结果，鉴于不同模态的数据可以提供相互补充的信息，因此检索结果更加全面。多模态检索中不同模态数据之间呈现底层特征异构和高层语义相关的特点。因此，跨越"多模态语义鸿沟"的挑战（不同模态数据的表示不一致）引起了越来越多研究者的关注。由于不同模态数据结构不同，所以跨模态数据检索的关键及难点在于建立多种模态之间的信息映射关系，完成信息在不同形态空间中的表达转化，最终实现跨越信息资源形态差异的检索。

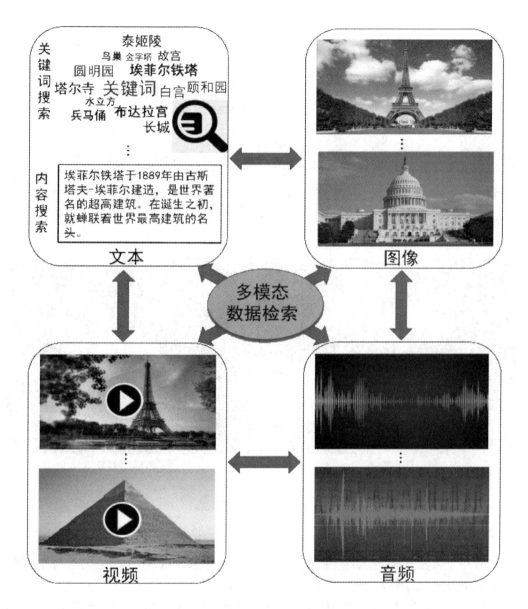

图 4.1　多模态数据检索示意图

跨模态检索技术是一个融合图像处理、计算机视觉、机器学习、自然语言处理和语音识别等多个领域的综合问题，与概率论、统计学、计算机科学等多个不同的学科密切相关。跨模态检索方法的研究将极大地促进子空间学习、测度学习、深度学习、哈希变换、多视角学习等诸多机器学习理论的发展和应用，具有重要的理论意义。另外，有效的跨模态检索有助于改善其他任务性能，如图像配准，目标检测等。图 4.2 所示为多模态数据检索应用实例，多模态数据检索在搜索引擎、电商购物平台、商品推荐、语音交互以及智能传感器等场景中都得到了深度应用。跨模态数据检索方法的研究有效满足了人们对多种信息检索方法的需求，并促进了信息技术更好地为经济和社会发展服务，具有广泛的应用价值。

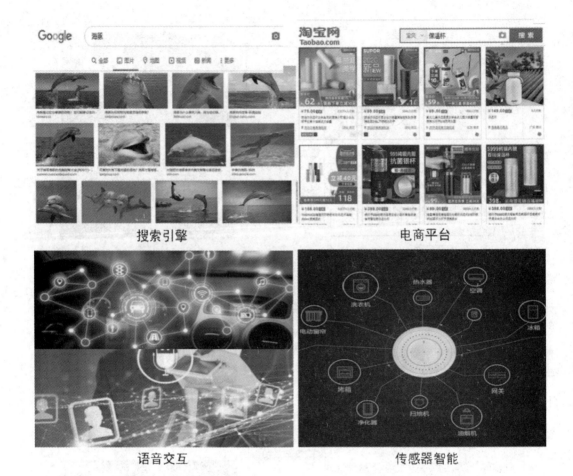

图 4.2　多模态数据检索应用实例

4.1.2　国内外现状

针对跨模态数据检索这一任务，国内外多个团队对于如何表示底层特征、怎样对高层语义建模以及如何对模态间的关联建模等方面进行了深入探讨。

在国际方面，美国圣地亚哥大学的视觉计算实验室、伊利若亚大学、乔治亚理工学院、印度理工学院，微软印度研究院等著名大学的相关团队就跨模态检索数据集的采集、跨模态关联学习、高层语义建模、跨模态哈希学习等方面开展了研究，并取得了突出成果。国内方面，北京交通大学张磊博士[1]和北京邮电大学花妍博士[2]等分别在语义一致的跨模态关联学习方面做了深入研究；浙江大学金仲明博士[3]和北京邮电大学冯方向博士[4]分别在基于深度学习的跨模态检索研究中取得了很好的成果；西北工业大学光学影像分析与学习中心计算机视觉与多媒体团队的李学龙老师课题组在跨模态哈希算法方面做出了突出的贡献。

北京大学多媒体信息处理研究室的彭宇新老师课题组完成了基于统一表示和相似性计算的跨媒体检索研究、基于内容的跨媒体检索、视觉注意力驱动的图像视频分类与检索研究等国家基金项目，研究内容包括非监督跨模态哈希方法[5,7]、用于零样本跨媒体检索的双重对抗网络[8]、基于多尺度相关性的连续跨模态哈希学习方法[9]，并发表了多篇顶级学术会议论文（如 CCFA 类会议论文）。另外，他们构建了细粒度跨媒体检索的新基准[10]，该基准由"鸟"的 200 个细粒度子类别组成，并包含 4 种媒体类型，包括图像、文本、视频和音频，是第一个使用 4 种媒体类型进行细粒度跨媒体检索的基准。由于跨模态哈希方法具有较低的存储成本和快速的查询速度，该方法已被广泛用于多媒体检索任务中。南京大学机器学习与数据挖掘研究所（LAMDA）的李武军老师课题组就跨模态检索问题提出了深度跨模态哈希（Deep Cross-modal Hashing，DCMH）[11]和基于离散潜在因子的跨模态哈希方法（Discrete Latent Factor Model for Cross-modal Hashing，DLFH）[12]，该系列方法通过直接学习二进制哈希编码，提高了跨模态检索的精度和速度性能。

悉尼科技大学 ReLER 实验室的杨易老师课题组在图像-文本匹配[13, 14]、视频-文本特征学习[15]方面进行了深入研究，提出了模态不变的图像-文本嵌入方法进行图像-语句之间的特征匹配，并提出同时学习全局和局部的视频-文本特征表示。厦门大学媒体分析与计算实验的纪荣嵘老师课题组侧重于研究多媒体内容理解及视觉内容检索，提出了密集自编码哈希[16]以及融合相似度哈希编码[17]，进行跨模态二进制码学习以提高跨模态检索的精度。2019 年纪荣嵘老师课题组又提出了通过深度局部相关分析进行跨模态主题建模的思想[18]。电子科技大学未来媒体研究中心的沈复明老师课题组致力于研究基于哈希编码的跨模态检索方法，包括利用连续离散哈希[19]进行可扩展的跨模态相似性检索、学习判别式二进制代码以进行大规模的跨模态检索[20]、可扩展多媒体搜索的多视图离散哈希[21]等。北京航空航天大学计算机学院软件开发环境国家重点实验室的刘祥龙老师课题组针对哈希方法进行改进，提出了成对关联引导的深度哈希[22]和基于三元组的深度哈希网络[23]，并在 IJCAI 2019 会议中提出了图卷积网络哈希编码[24]，在 CVPR 2020 会议中提出多任务一致性保留对抗哈希法等[25]，提升了跨模态检索的准确率及检索速度。

4.1.3　数据集介绍

随着多模态数据的普及，跨模态检索成为了一个紧迫而具有挑战性的问题。为了评估跨模态检索算法的性能，研究人员收集了大量多模态数据，并以此建立了多模态数据集。本节将介绍七个常用的异构数据集及两个异源数据集，即 Pascal VOC、Wikipedia、NUS-WIDE、INRIA-Websearch、Flickr30K、XMedia 和 Clickture 异构数据集以及 RegDB、CUFS 异源数据集。

1. Pascal VOC 数据集[26]

帕斯卡视觉对象分类（Pascal VOC）挑战赛是视觉对象检测及识别任务的基准。Pascal VOC 2007 是 Pascal VOC 数据集中最常用的一个数据集，由 5011/4952（训练/测试）图像标签对组成，可分为 20 个不同的类别，用于识别现实场景中一些视觉对象（即不是预先分割的对象）。由于有些图像具有多个标签，研究人员通常按照[26]中的方式选择图像中的一个目标作为标签，从而得到 2808 个训练数据和 2841 个测试数据。图像注释用作跨媒体检索的文本，并在包含 804 个关键字的词汇表上定义。Pascal VOC 数据集是一系列跨媒体检索的重要数据集，也是 Pascal Sentence 数据集的基础。Pascal Sentence 数据集包含 1000 个文件，每个文件包含一个图像和对应的文本描述。这些文档根据其语义信息分为 20 类，每一类包含 50 个图像-文本对。图 4.3 所示为 Pascal VOC 2007 和 Pascal Sentence 数据集的部分样例，左右分别为图像和所对应的关键词或描述语句。

Cat
Bottle
Dog
Person

Cow
Cow
Person

(a) Pascal VOC 2007 数据集图像与标签示例

A white bird is steering a shopping cart.
A white bird pushes a miniature teal shopping cart.
A white bird pushing a miniature blue shopping cart.
A white parrot walking a small blue shopping cart.
Parrot pushing a small shopping cart.

A black Ferrari parked in front of trees.
A black sports car parked on an empty street.
A gray convertible sports car is parked in front of the trees.
Black shiny sports car parked on concrete driveway.
Parked black sports car.

(b) Pascal Sentence 数据集图像与标签示例

图 4.3　Pascal VOC 2007 与 Pascal Sentence 数据集部分样例

2. Wikipedia 数据集[27]

Wikipedia(维基百科)数据集是跨模态数据检索中使用最广泛的数据集。它基于维基百科中的"精选文章"，该文章是不断更新的文章集。每篇文章根据其标题划分为几个部分，最终将此数据集分为 2866 个图像-文本对，包含 10 种语义分类。在每一对中，文本都是描述人物、地点或某些事件的文章，并且图像与文章的内容密切相关。图 4.4 所示为维

On plan, Lothal stands 285 metres (935 ft) north-to-south and 228 metres (748 ft) east-to-west. At the height of its habitation, it covered a wider area since remains have been found 300 metres (1000 ft) south of the mound. Due to the fragile nature of unbaked bricks and frequent floods, the superstructures of all buildings have receded. Dwarfed walls, platforms, wells, drains, baths and paved floors are visible. But thanks to the loam deposited by persistent floods, the dock walls were preserved beyond the great deluge (c. 1900 BCL). The absence of standing high walls is attributed to erosion and brick robbery. The ancient nullah, the inlet channel and riverbed have been similarly covered up. The flood-damaged peripheral wall of mud-bricks is visible near the warehouse area. The remnants of the north-south sewer are burnt bricks in the cesspool. Cubical blocks of the warehouse on a high platform are also visible.
The ASI has covered the peripheral walls, the wharf and many houses of the early phase with earth to protect from natural phenomena, but the entire archaeological site is nevertheless facing grave concerns about necessary preservation. Salinity ingress and prolonged exposure to the rain and sun are gradually eating away the remains of the site. But there are no barricades to prevent the stream of visitors from trudging on the delicate brick and mud work. Stray dogs throng the mound unhindered. Heavy rain in the region has damaged the remains of the sun-dried mud brick constructions. Stagnant rain water has lathered the brick and mud work with layers of moss. Due to siltation, the dockyard's draft has been reduced by 3–4 metres (10–13 ft) and saline deposits are decaying the bricks. Officials blame the salinity on capillary action and point out that cracks are emerging and foundations weakening even as restoration work slowly progresses.

The fall of the Vijayanagara Empire in 1565 at the Battle of Talikota started a slow disintegration of the Kannada speaking region into many short-lived "palegam" chiefdoms, and the better known Kingdom of Mysore and the kingdom of Keladi Nayakas, which were to later become important centres of Kannada literary production.Nagaraj in Pollock (2003). p370; Kamath (2001), p171, p171 These kingdoms and the Nayakas ("chiefs") of Tamil country continued to owe nominal support to a diminished Vijayanagara Empire ruling from Penukonda (1570) and later from Chandragiri (1586) in modern Andhra Pradesh, followed by a brief period of independence.Subrahmanyam (2001), pp67–68. Kamath (2001), pp173–174 By mid-17th century, large areas in north Karnataka came under the control of the Bijapur Sultanate who waged several wars in a bid to establish a hegemony over the southern Deccan.Chopra (2003), p96, part2; Kamath (2006), pp173&udash;174 The defeat of the Bijapur Sultanate at the hands of the Mughals in late 17th century added a new dimension to the prevailing confusion.Chopra (2003), pp101; Kamath (2006), p204 The constant wars of the local kingdoms with the two new rivals, the Mughals and the Marathas, and among themselves, caused further instability in the region.Kamath (2001), p226 Major areas of Karnataka came under the rule of the Mughals and the Marathas. Under Hyder Ali and his son Tipu Sultan, the Mysore Kingdom reached its zenith of power but had to face the growing English might who by now had a firm foothold in the subcontinent.Chopra (2003), p71, part3; Kamath (2001), p231–234 After the death of Tipu Sultan in 1799 in the fourth Anglo-Mysore war, the Mysore Kingdom came under the British umbrella.Chopra (2003), pp80–81, part3 More than a century later, with the dawn of India as an independent nation in 1947, the unification of Kannada speaking regions as modern Karnataka state brought four centuries of political uncertainty (and centuries of foreign rule) to an end.

图 4.4　Wikipedia 数据集部分样例

基百科数据集部分样例，左侧为图像，右侧为对应文章。维基百科数据集是跨模态检索的重要基准数据集。但是，此数据集规模很小，仅涉及两种媒体类型（图像和文本）。该数据集中的类别具有战争和历史等难以区分的高级语义，容易导致检索评估混乱。一方面，这些类别之间存在一些语义重叠。例如，战争（应属于战争类别）通常也是历史事件（应属于历史类别）。另一方面，即使属于同一类别的数据在语义上也可能有很大不同。

3. NUS-WIDE 数据集[28]

NUS-WIDE 数据集是由新加坡国立大学媒体研究实验室通过网络爬虫从 Flickr 采集得到的网络图像数据集。每张图像都与用户标签相关联来作为一个图像-文本对。为了保证每一类都具有丰富的训练样本，研究人员一般会选择那些属于 K（$K=10$ 或 21）个最大类中的一个类的图像-文本对，每一对只属于所选类别中的一个。从这些图像中提取六种类型的低级特征，包括 64-D 颜色直方图、144-D 颜色相关图、73-D 边缘方向直方图、128-D 小波纹理、在 55 个固定网格分区上提取的 225-D 块状颜色矩以及基于 SIFT 描述子的 500-D 词袋。文本标签用 1000 维的标签特征向量表示。删除重复的图像后，在 81 个概念的 NUS-WIDE 数据集中有 269 648 张图像。总共有唯一的 425 059 个标签最初与这些图像相关联。但是，为了进一步提高标签的质量，删除了出现次数不超过 100 次且 WordNet 中不存在的那些标签，因此，最终有 5018 个唯一标签包含在此数据集中。

4. INRIA-Websearch 数据集[29]

INRIA-Websearch 数据集包含 71 478 个图像-文本对，可分为 353 种不同的内容，包括著名的地标、演员、电影、徽标等。每种内容都带有一些通过互联网搜索到的图像，并且每个图像都被标记为与其查询内容相关或无关的图像。对应的文本形式标签文件包括与搜索查询相关的手动标记注释和从网页中获得的其他媒体数据，例如图像 URL、页面标题、图像的替代文本、围绕图像的文本等。该数据集因包含大量的图像文本类别而非常具有研究挑战性。

5. Flickr30K 数据集[30]

Flickr30K 数据集是 Flicker8K[31] 的扩展，它包含了 31 783 张从不同的 Flickr 群组收集的图像，并专注于涉及人和动物的事件。每张图像都与 5 个句子相关联，这些句子由以英语为母语的土耳其机器人（Mechanical Turk）独立撰写。

6. XMedia 数据集[32]

XMedia 数据集由北京大学多媒体计算实验室通过 Wikipedia、Flickr、YouTube 等来源采集，共包括 20 个语义类，每个类别有 600 个媒体实例，分别包含 250 段文本、250 幅图像、25 段视频、50 段语音、25 个 3D 模型共 5 种不同模态。图 4.5 所示为 XMedia 数据集部分样例，每个文本都是有关维基百科中类别的文章的一个段落，大多数文本少于 200 个单词；图像是包含每个类别对象的高分辨率图像。YouTube 中的长视频被分割成一些短片段，这些短片段精确地代表了类别，而该数据集中的视频片段通常不到一分钟。收集的音频片段通常少于一分钟。3D 模型是代表 20 个语义类别的对象，例如易于识别的狗和老虎模型。五种媒体类型的文件格式分别为 txt、jpg、avi、wav 和 obj，可以通过常用方法或工具进行处理。数据集被随机分为 9600 个媒体对象的训练集和 2400 个媒体对象的测试集。随机分割分别在每种媒体上进行，训练集与测试集之比为 4：1。该数据集是目前跨模态检索领域数据量最大，模态最多的一个数据集。

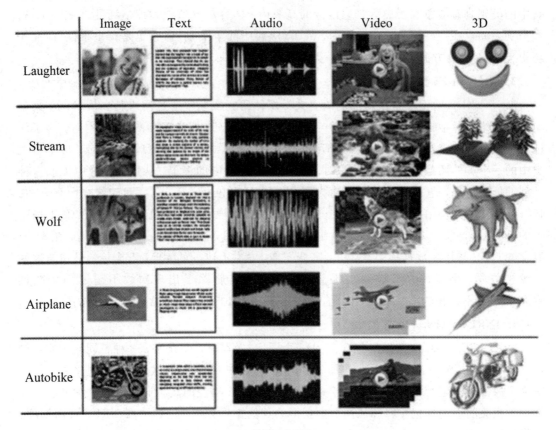

图 4.5　XMedia 数据集部分样例

7. Clickture 数据集[33]

Clickture 数据集是一个基于点击量的大规模图像数据集，收集了一个商业图像搜索引擎一年的点击数据。完整的 Clickture 数据集由 4000 万张图像和 7360 万条文本查询组成。它还有一个子集 Clickture-Lite，包含 100 万张图像和 1170 万条文本查询。训练集由 2310 万个查询图像-搜索图像-点击三元组组成，其中"点击"是表示查询图像和搜索图像之间相关性的整数，测试集有 79 926 个由 1000 个文本查询库生成的查询-搜索图像对。

8. RegDB 数据集[34]

韩国东国大学的 Nguyen 等人同步使用可见光和红外双目摄像头对行人成像构建了 RegDB 数据集。RegDB 由系统收集的 412 人的 8240 张图像组成，每个人有 10 个不同的可见光图像和 10 个不同的热红外图像。其中有 254 个女性和 158 个男性，并且 412 个人中有 156 个人是从正面拍摄的，256 个人从背面拍摄。图 4.6 所示为 RegDB 数据集部分样例，其中包含三个人从背面、侧面及正面角度拍摄的可见光和红外图像。但是该数据集图像小、清晰度较差，每个身份的 RGB 图像和热图的姿态都是一一对应的，并且同一个身份在姿态上变化很小，这些因素都降低了 RegDB 数据集上的跨模态行人重识别任务的难度。

图 4.6　RegDB 数据集部分样例

9. CUFS 数据集[35]

CUFS 数据库由来自三个数据库的脸部照片-素描对组成：香港中文大学学生数据库[36]（188 人）、AR 数据库[37]（123 人）和 XM2VTS 数据库[38]（295 人）。数据库中的每个人都有一个面部照片素描对。这些图像都依靠三个点在几何上对齐，即两个眼睛的中心和嘴巴的中心。图 4.7 所示为 CUFS 数据集部分样例，香港中文大学学生数据库和 AR 数据库中的人脸照片素描对更加规律，多样性更少。XM2VTS 数据库中的人员在年龄、肤色（种族）和发型方面的差异更大，从而使图像转换任务更加困难。

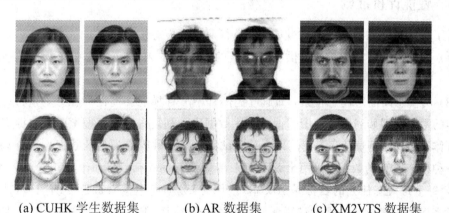

(a) CUHK 学生数据集　　　　(b) AR 数据集　　　　(c) XM2VTS 数据集

图 4.7　CUFS 数据集部分样例

表 4.1 所示为多模态检索数据集信息，包括七类异构数据集和两类异源数据集。异构数据集中包含由图像和文本、标签、视频、语音等组成的各类多模态数据集。异源数据集由红外-自然图像和照片-素描图像组成。异构数据集中，Clickture 数据集所含样本数最多，异源数据集中 CUFS 数据集所含类别最多。通过构建多个大型公开多模态数据集，可以辅助研究人员进行多模态检索任务的研究，促进多模态检索技术发展。

表 4.1　多模态检索数据集信息

数据集	模　态	样本数	类别数
Pascal VOC	图像-标签(异构)	9963	20
Wikipedia	图像-文本(异构)	2866	10
NUS-WIDE	图像-标签(异构)	269 648	81
INRIA-Websearch	图像-文本(异构)	71 478	353
Flickr30K	图像-句子(异构)	31783	—
XMedia	图像-文本-视频-音频-3D 模型(异构)	12 000	20
Clickture	图像-文本(异构)	11 360 万	—
RegDB	红外图像-自然图像(异源)	4120	206
CUFS	照片-素描(异源)	606	606

4.1.4　性能评价准则

为了评估多模态检索方法的性能,将进行两个跨模态检索任务:

(1) 多模态检索,即通过提供一种类型的查询样本来进行其他所有模态类型的样本搜索;

(2) 两模态间的跨模态检索,即通过提供其中一种模态类型的数据,搜索另一模态对应内容的数据,例如利用查询图像搜索文字数据库和利用查询文字搜索图像数据库。

具体来说,在测试阶段,我们以一个测试集中某一种模态类型的数据作为查询集来检索另一种模态类型的数据,采用余弦距离来衡量特征的相似性。如给定一张查询图像(或文本),每个跨模态任务的目标是从文本(或图像)数据库中搜索最近邻的图像(或文本)。为了对多模态检索方法的性能进行评价,下面将介绍 P-R 曲线、平均精度以及平均精度均值三种评价准则。

1. P-R 曲线

在搜索引擎检索中,若总的页面非常多,但是检索得到的关于重要标题的相关页面很少时,用 P-R 曲线更好。当我们根据学习器的预测结果对样例进行排序时(排在前面的学习器被认为“最可能”是正例的样本),我们计算每个位置的准确率和召回率,描出来就会得到一个 P-R 曲线。也就是说,根据预测结果进行排序之后,我们选择 1 个正例(学习器返回 1 个正例),计算精确率以及召回率,画出一个点,然后选择 2 个正例、3 个正例、……,这样就能得到一个曲线。图 4.8 所示为 P-R 曲线的表示形式。

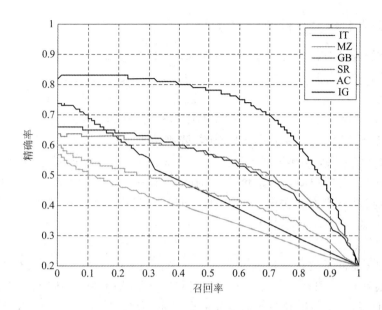

图 4.8 P - R 曲线

2. 平均精度

根据 P - R 曲线就可以得到平均精度（Average Precision，AP），平均精度的值就等于 PR 曲线所围成的面积。计算公式如下：

$$AP = \frac{1}{T} \sum_{r=1}^{R} P(r)\delta(r) \tag{4-1}$$

其中，T 为检索数据集中相关文件的数量，$P(r)$ 表示前 r 个检索结果的精度。如果第 r 个检索结果与查询数据相关（即属于一类），则 $\delta(r) = 1$，否则 $\delta(r) = 0$。

3. 平均精度均值

平均精度均值（Mean Average Precision，mAP）常用来评估跨模态检索算法的性能。假设进行 Q 次检索试验，mAP 通过所有查询集数据的 AP 值进行计算。公式如下：

$$mAP = \frac{\sum_{q=1}^{Q} AP(q)}{Q} \tag{4-2}$$

mAP 越大，证明算法的检索精度越高，性能越好。

4.2 多模态检索传统方法

多模态数据检索的主要难点在于如何衡量不同模态数据之间的内容相似性。在 2010 年以前，已经有许多团队就多模态检索任务展开了其研究成果，主要可以分为基于典型相关分析（Canonical Correlation Analysis，CCA）的检索方法、基于偏最小二乘（Partial Least Squares，PLS）的检索方法、基于双线性模型（Bilinear Model，BLM）的检索方法、基于传统哈希的检索方法和其他方法。

4.2.1 基于典型相关分析的检索方法

传统的统计相关分析方法是常见子空间学习方法的基本范式和基础，主要通过优化统计值来学习线性投影矩阵。典型相关分析法（Canonical Correlation Analysis，CCA）[39]是其中最具代表性的工作之一。典型相关分析与主成分分析法（Principal Component Analysis，PCA）相似，是一种数据分析和降维的方法。但 PCA 仅能处理一个数据空间，而 CCA 是一种用于跨两个（或多个）空间的联合降维技术，该技术提供了同一数据的异构表示。本节主要介绍 CCA 及其拓展方法——核典型相关分析（Kernal CCA，KCCA）方法，以及深度典型相关分析（Deep Canonical Correlation Analysis，DCCA）、均值典型相关分析（Mean-CCA）和聚类典型相关分析（Cluster-CCA）、三视角 CCA、概率典型相关性分析（Probabilistic CCA，PCCA）等方法。

1. CCA

跨模态数据空间中的特征表示包含一些反映它们之间的相关性的联合信息，CCA 学习 d 维子空间 $U^{\mathrm{I}} \subset R^{\mathrm{I}}$ 和 $U^{\mathrm{T}} \subset R^{\mathrm{T}}$，它们使两种模态之间的相关性最大化。CCA 学习一个子空间，该空间可最大化两组异构数据之间的成对相关性。Rasiwasia 等提议首先应用 CCA 来获得图像和文本的公共空间，然后通过逻辑回归实现语义抽象[27]。

CCA 旨在针对两种数据形式（I、T）学习两个方向 w_i 和 w_t，并沿着这两个方向最大程度地关联数据，即

$$\max_{w_i \neq 0,\, w_t \neq 0} \frac{w_i^{\mathrm{T}} \boldsymbol{\Sigma}_{IT} w_t}{\sqrt{w_i^{\mathrm{T}} \boldsymbol{\Sigma}_{II} w_i} \sqrt{w_t^{\mathrm{T}} \boldsymbol{\Sigma}_{TT} w_t}} \tag{4-3}$$

其中，$\boldsymbol{\Sigma}_{II}$ 和 $\boldsymbol{\Sigma}_{TT}$ 代表图像数据 $\{I_1, \cdots, I_n\}$ 和文本数据 $\{T_1, \cdots, T_n\}$ 的经验协方差矩阵。$\boldsymbol{\Sigma}_{IT} = \boldsymbol{\Sigma}_{TI}^{\mathrm{T}}$ 代表它们之间的互协方差矩阵。公式（4-3）的优化可以看作解决广义特征值问题（Generalized Eigenvalue，GEV）的方法[40]。

$$\begin{bmatrix} 0 & \boldsymbol{\Sigma}_{IT} \\ \boldsymbol{\Sigma}_{TI} & 0 \end{bmatrix} \begin{bmatrix} w_i \\ w_t \end{bmatrix} = \lambda \begin{bmatrix} \boldsymbol{\Sigma}_{II} & 0 \\ 0 & \boldsymbol{\Sigma}_{TT} \end{bmatrix} \begin{bmatrix} w_i \\ w_t \end{bmatrix} \tag{4-4}$$

广义特征向量可以确定一组不相关的规范分量，相应的广义特征值指示所说明规范向量的相关性。GEV 可以像常规特征值问题一样得到有效的解决[41]。

通过前 d 个规范分量 $\{w_{i,k}\}_{k=1}^{d}$ 和 $\{w_{t,k}\}_{k=1}^{d}$ 将 R^{I} 和 R^{T} 分别投影到子空间 U^{I} 和 U^{T} 上。这两个投影之间的自然可逆映射来自最大跨模态相关性的 d 维基数之间的对应关系，即 $w_{i,1} \leftrightarrow w_{t,1}, \cdots, w_{i,d} \leftrightarrow w_{t,d}$。对于跨模态检索，每个文本 $T \in R^{\mathrm{T}}$ 映射到 $\{w_{t,k}\}_{k=1}^{d}$ 上的投影 $p_T = P_T(T)$，每个图像映射到 $\{w_{i,k}\}_{k=1}^{d}$ 上的投影 $p_I = P_I(I)$。这使得两种模态数据可以紧凑、有效地表示。由于向量 p_T 和 p_I 是分别在两个等距 d 维子空间 U^{I} 和 U^{T} 中的坐标，因此可以认为它们属于通过覆盖 U^{I} 和 U^{T} 获得的单个空间 U。图 4.9 所示为经过 CCA 法后的跨模态检索公共子空间，图中将文本和图像从其各自的自然空间映射到 CCA 空间，然后用 CCA 表示学习的语义空间。

给定一张查询图像 I_q，投影为 $p_I = p(I_q)$，与之最匹配的文本 $T \in R^{\mathrm{T}}$ 是其中投影 $p_T = P(T)$ 使 $D(I, T) = d(p_I, p_T)$ 最小的文本在 d 维的向量空间中距离 $d(\cdot, \cdot)$ 的合适度量。类似地，给定具有投影 $p_T = p(T_q)$ 的查询文本 T_q，最匹配的图像 $I \in R^{\mathrm{I}}$ 是 $p_I = P(I)$ 将 $d(p_I, p_T)$ 最小化的图像。

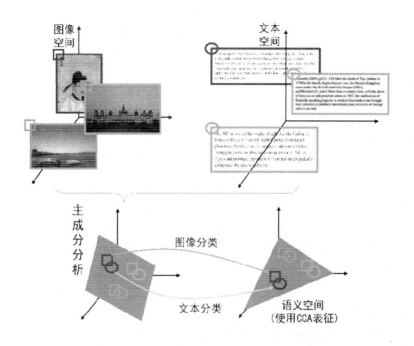

图 4.9　CCA 公共子空间

在存在两种以上模态(多模态)的情况下，CCA 有一个自然的扩展，可以写成一个广义的特征向量问题，即

$$\begin{bmatrix} \boldsymbol{\Sigma}_{11} & \cdots & \boldsymbol{\Sigma}_{1k} \\ \vdots & \ddots & \vdots \\ \boldsymbol{\Sigma}_{k1} & \cdots & \boldsymbol{\Sigma}_{kk} \end{bmatrix} \begin{bmatrix} \boldsymbol{w}_1 \\ \vdots \\ \boldsymbol{w}_k \end{bmatrix} = \lambda \begin{bmatrix} \boldsymbol{\Sigma}_{11} & \cdots & 0 \\ \vdots & \ddots & \vdots \\ 0 & \cdots & \boldsymbol{\Sigma}_{kk} \end{bmatrix} \begin{bmatrix} \boldsymbol{w}_1 \\ \vdots \\ \boldsymbol{w}_k \end{bmatrix} \qquad (4-5)$$

传统 CCA 的一大限制是只能对数据进行线性映射，因此也只能挖掘出不同模态数据的线性相关性，这在实际的应用场景中局限性较大。多模态数据间的复杂相关性既包括线性相关也包括非线性相关，仅仅利用传统 CCA 的线性映射充分挖掘出数据间的复杂相关性是不现实的。因此人们开始尝试对传统 CCA 进行改进，核函数是一种常用的在线性方法中引入非线性的技巧，因此核 CCA[42] 应运而生。

2. KCCA

Blaschko 等人利用 KCCA 开发了一种跨视角光谱聚类方法，可以应用于图像和相关文本[43]。定义图像 I 和文本 T 的核函数：$k_I(\boldsymbol{I}_i, \boldsymbol{I}_j) = \langle \phi_I(\boldsymbol{I}_i), \phi_I(\boldsymbol{I}_j) \rangle$，$k_T(\boldsymbol{T}_i, \boldsymbol{T}_j) = \langle \phi_T(\boldsymbol{T}_i), \phi_T(\boldsymbol{T}_j) \rangle$，通过搜索位于 $\phi_I(\boldsymbol{I})$ 和 $\phi_T(\boldsymbol{T})$ 的范围内的结果：$\boldsymbol{\omega}_I = \sum_i \boldsymbol{\alpha}_i \phi_I(\boldsymbol{I}_i)$ 和 $\boldsymbol{\omega}_T = \sum_i \boldsymbol{\beta}_i \phi_T(\boldsymbol{T}_i)$ 可以轻松将 CCA 内核化(KCCA)。将图像和文本样本的核矩阵表示为 $\boldsymbol{K}_I$ 和 $\boldsymbol{K}_T$，我们希望优化

$$\max_{\boldsymbol{\alpha}, \boldsymbol{\beta}} \frac{\boldsymbol{\alpha}^\mathrm{T} \boldsymbol{K}_I \boldsymbol{K}_T \boldsymbol{\beta}}{\sqrt{\boldsymbol{\alpha}^\mathrm{T} \boldsymbol{K}_I^2 \boldsymbol{\alpha} \boldsymbol{\beta}^\mathrm{T} \boldsymbol{K}_T^2 \boldsymbol{\beta}}} \qquad (4-6)$$

正如[44]中讨论的那样，在 $\boldsymbol{K}_I$ 和 $\boldsymbol{K}_T$ 是可逆的情况下，这种优化会导致退化的解。因此我们将以下正则表达式最大化，即

$$\frac{\boldsymbol{\alpha}^{\mathrm{T}} \boldsymbol{K}_{\mathrm{I}} \boldsymbol{K}_{\mathrm{T}} \boldsymbol{\beta}}{\sqrt{\boldsymbol{\alpha}^{\mathrm{T}} ((1-\tau_{\mathrm{I}}) \boldsymbol{K}_{\mathrm{I}}^2 + \tau_{\mathrm{I}} \boldsymbol{K}_{\mathrm{I}}) \boldsymbol{\alpha} \boldsymbol{\beta}^{\mathrm{T}} ((1-\tau_{\mathrm{T}}) \boldsymbol{K}_{\mathrm{T}}^2 + \tau_{\mathrm{T}} \boldsymbol{K}_{\mathrm{T}}) \boldsymbol{\beta}}} \qquad (4-7)$$

在 τ_{I} 和 τ_{T} 都设置为 0 的情况下，公式(4-7)的优化与公式(4-6)相同。在 $\tau_{\mathrm{I}} = \tau_{\mathrm{T}} = 1$ 的情况下，这等效于最大化协方差而不是相关性。公式(4-8)中的 CCA 公式也很容易进行正则化和核化，并允许人们利用其他模态数据，例如视频中的时空特征和高分辨率图像等。虽然核 CCA 允许学习非线性表示，但它的缺点是特征表示受到固定内核的限制。另外，由于它是一种非参数方法，因此训练 KCCA 或计算新数据点表示所需要的时间与训练集的大小不匹配。

3. DCCA

Andrew 等人考虑通过深度网络学习灵活的非线性表示，提出了深度典型相关分析(Deep Canonical Correlation Analysis，DCCA)[45]。两层以上的深度网络能够表示涉及多重嵌套的高级抽象的非线性函数，这可能是准确模拟复杂的现实世界数据所必需的。DCCA 可以同时学习具有最大的相关性的两个视图数据(跨模态数据)的深度非线性映射，可以粗略地认为 DCCA 是 KCCA 学习内核的一种方法，但是映射功能并不局限于存在于可再生内核希尔伯特空间中。

DCCA 通过使跨模态数据经过多层堆叠的非线性变换来计算跨模态数据的表示形式。图 4.10 所示为 DCCA 示意图，它由两个可学习的深度网络组成，因此输出层(每个网络的最顶层)具有最大的相关性。虚线圆圈结点对应于输入特征($n_1 = n_2 = 3$)，实线圆圈结点为输出层。两个网络都具有 4 层($d = 4$)。为简单起见，假设网络中的每个中间层对于第一个视图数据有 c_1 个单元，而最终的输出层具有 o 个单元。令 $\boldsymbol{x}_1 \in \mathbf{R}^{n_1}$ 为第一视图数据的一个实例，实例 $\boldsymbol{x}_1$ 的第一层输出为 $\boldsymbol{h}_1 = s(\boldsymbol{W}_1^1 \boldsymbol{x}_1 + \boldsymbol{b}_1^1) \in \mathbf{R}^{c_1}$，其中 $\boldsymbol{W}_1^1 \in \mathbf{R}^{c_1 \times n_1}$ 为权重矩阵，$\boldsymbol{b}_1^1 \in \mathbf{R}^{c_1}$ 为一偏置向量。$s: \mathbf{R} \mapsto \mathbf{R}$ 是一个分量应用的非线性函数，然后，输出 $\boldsymbol{h}_1$ 可以用来计算下一层的输出 $\boldsymbol{h}_2 = s(\boldsymbol{W}_2^1 \boldsymbol{h}_1 + \boldsymbol{b}_2^1) \in \mathbf{R}^{c_1}$，以此类推，直到计算出 d 层网络最终的输出表示 $f_1(\boldsymbol{x}_1) = s(\boldsymbol{W}_d^1 \boldsymbol{h}_{d-1} + \boldsymbol{b}_d^1) \in \mathbf{R}^o$。给定第二视图数据的实例 $\boldsymbol{x}_2$，特征表示 $f_2(\boldsymbol{x}_2)$ 通过同样的

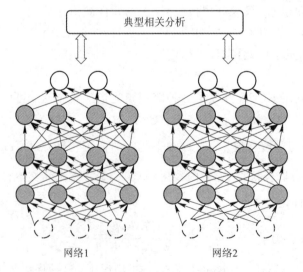

图 4.10　DCCA 示意图

方式，使用不同的参数 W_l^2 和 b_l^2（以及潜在的不同架构参数 c_2 和 d）进行计算。目标是为所有视图联合学习参数以让 $\mathrm{corr}(f_1(x_1), f_2(x_2))$ 尽可能高。如果 $\boldsymbol{\theta}_1$ 为第一视图数据的所有参数 $W_l^1 b_l^1$ 的向量，$l=1, \cdots d$，$\boldsymbol{\theta}_2$ 类似，则

$$(\boldsymbol{\theta}_1^*, \boldsymbol{\theta}_2^*) = \underset{(\boldsymbol{\theta}_1, \boldsymbol{\theta}_2)}{\mathrm{argmaxcorr}}(f_1(x_1; \boldsymbol{\theta}_1), f_2(x_2; \boldsymbol{\theta}_2)) \qquad (4-8)$$

遵循训练数据上估计的相关性目标函数的梯度即可优化参数 $(\boldsymbol{\theta}_1^*, \boldsymbol{\theta}_2^*)$。

4. 均值 CCA 及聚类 CCA

Rasiwasia 等人提出了一种非常简单而有效的 CCA 适应方法，称为聚类典型相关分析（cluster-CCA）[46]。图 4.11 所示为聚类 CCA 和均值 CCA 方法的表示。图 4.11(a) 为聚类 CCA 示意图，将一类中一个模态的所有点与同一类中另一模态的所有点配对，然后使用标准 CCA 框架学习预测。

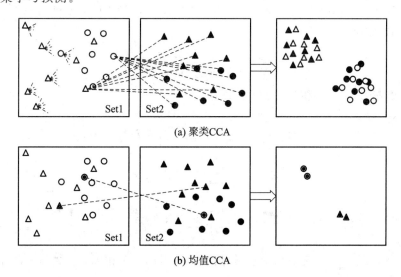

(a) 聚类 CCA

(b) 均值 CCA

注：获得集合之间相关子空间的各种方法的表示。对于每一种方法，两个集合表示两种模态数据，箭头右侧表示联合映射空间。"△"和"○"分别表示两类数据。

图 4.11　聚类 CCA 和均值 CCA 方法的表示

考虑到两组数据，其中每组数据分为 C 个不同但相对应的簇/类。令 $T_x = \{X_1, \cdots, X_C\}$，$T_y = \{Y_1, \cdots, Y_C\}$，其中 $X_c = \{x_1^c, \cdots, x_{|X_c|}^c\}$、$Y_c = \{y_1^c, \cdots, y_{|Y_c|}^c\}$ 分别是第一组和第二组的第 c 个簇中的数据点。与 CCA 类似，其目的是通过选择方向 w 为 x 找到新的坐标，通过选择方向 v 为 y 找到新坐标，从而使 T_x 和 T_y 在 w 和 v 上的投影之间的相关性最大化，并且同时很好地分离了簇。但是，与 CCA 不同，集合间直接的相关系数无法从集合 T_x 和 T_y 计算这些投影之间的直接相关性，因此它们在 w 和 v 上的投影缺乏任何直接对应关系。为了解决这个问题，Rasiwasia 等人提出了两种解决方案，即均值典型相关分析（Mean-CCA）和聚类典型相关分析（Cluster-CCA）。

图 4.11(b) 为均值 CCA 示意图，一种简单的解决方案是在两组数据的平均聚类向量间建立联系。这样就产生了每组 C 个一一对应的向量。给定聚类均值 $\boldsymbol{\mu}_x^c = \dfrac{1}{|X_c|} \displaystyle\sum_{j=1}^{|X_c|} x_j^c$ 和

$\boldsymbol{\mu}_y^c = \dfrac{1}{|Y_c|} \displaystyle\sum_{k=1}^{|Y_c|} y_k^c$，均值典型相关分析可被定义为

$$\rho = \max_{w,\,v} \frac{\boldsymbol{w}'\boldsymbol{V}_{xy}\boldsymbol{v}}{\sqrt{\boldsymbol{w}'\boldsymbol{V}_{xx}\boldsymbol{w}}\ \sqrt{\boldsymbol{v}'\boldsymbol{V}_{yy}\boldsymbol{v}}} \qquad (4-9)$$

其中协方差矩阵 $\boldsymbol{V}_{xy}$、$\boldsymbol{V}_{xx}$ 和 $\boldsymbol{V}_{yy}$ 被定义为

$$\boldsymbol{V}_{xy} = \frac{1}{C} \sum_{c=1}^{C} \boldsymbol{\mu}_x^c \boldsymbol{\mu}_y^{c'} \qquad (4-10)$$

$$\boldsymbol{V}_{xx} = \frac{1}{C} \sum_{c=1}^{C} \boldsymbol{\mu}_x^c \boldsymbol{\mu}_x^{c'} \qquad (4-11)$$

$$\boldsymbol{V}_{yy} = \frac{1}{C} \sum_{c=1}^{C} \boldsymbol{\mu}_y^c \boldsymbol{\mu}_y^{c'} \qquad (4-12)$$

另外,在聚类典型相关分析法中,不是在聚类均值之间建立联系,而是在给定的两组聚类中的所有数据点对之间建立一一对应关系,然后使用标准 CCA 来进行投影学习。聚类 CCA 问题可以表示为

$$\rho = \max_{w,\,v} \frac{\boldsymbol{w}'\boldsymbol{\Sigma}_{xy}\boldsymbol{v}}{\sqrt{\boldsymbol{w}'\boldsymbol{\Sigma}_{xx}\boldsymbol{w}}\ \sqrt{\boldsymbol{v}'\boldsymbol{\Sigma}_{yy}\boldsymbol{v}}} \qquad (4-13)$$

其中协方差矩阵 Σ_{xy}、Σ_{xx} 和 Σ_{yy} 可以定义为

$$\boldsymbol{\Sigma}_{xy} = \frac{1}{M} \sum_{c=1}^{C} \sum_{j=1}^{|X_c|} \sum_{k=1}^{|Y_c|} \boldsymbol{x}_j^c \boldsymbol{y}_k^{c'} \qquad (4-14)$$

$$\boldsymbol{\Sigma}_{xx} = \frac{1}{M} \sum_{c=1}^{C} \sum_{j=1}^{|X_c|} |Y_c| \boldsymbol{x}_j^c \boldsymbol{x}_j^{c'} \qquad (4-15)$$

$$\boldsymbol{\Sigma}_{yy} = \frac{1}{M} \sum_{c=1}^{C} \sum_{j=1}^{|Y_c|} |X_c| \boldsymbol{y}_k^c \boldsymbol{y}_k^{c'} \qquad (4-16)$$

其中,$M = \sum_{c=1}^{C} |X_c| |Y_c|$ 为成对对应数据的总数。与 CCA 相同,公式(4-16)的优化可以表述为求特征值问题。注意,针对均值 CCA 和聚类 CCA,假设协方差矩阵是根据零均值随机变量计算的。均值 CCA 和聚类 CCA 之间的根本区别在于对设置的协方差矩阵的估计。对于均值 CCA,使用聚类均值来估计它们,有效地忽略了数据点本身存在的丰富信息。聚类 CCA 与均值 CCA 不同,是使用 CCA 中的所有数据点来进行估计的。均值 CCA 和聚类 CCA 之间的根本差异导致聚类 CCA 的性能明显优于均值 CCA。

5. 三视角 CCA

Gong 等人将 CCA 结合了第三种视角捕获的高级图像语义,这些语义由单个类别或多个非互斥概念来表示[47]。他们提供了两种训练三视角嵌入特征的方法:有监督(即第三种视角来自真实标签或搜索关键字)和无监督(即通过将标签聚类自动获得语义分类信息)。为了确保检索任务的高精度同时保持学习过程的可扩展性,他们结合了多种强大的视觉特征,并使用显式的非线性内核映射来有效地逼近 KCCA。在执行检索时,使用了在嵌入式空间中专门设计的相似度函数,其性能明显优于欧氏距离。图 4.12 所示为传统的两视角及作者提出的三视角 CCA 方法示意图,两视角 CCA 和作者提出的三视角 CCA 方法的区别在于传统的两视角 CCA 可将图像(三角形)与其对应的标签(圆圈)的距离最小化。两视角嵌入空间是通过最大化视觉特征与相应标签之间的相关性而产生的,来自不同类别的图像

非常混杂。不同的是，三视角 CCA 将语义类或主题(黑色正方形)合并为第三种视图。属于同一语义簇的图像和标签被迫彼此靠近，从而产生了更多的高等级语义信息。三视角 CCA 在类之间提供了更好的分隔，能够显著提高多模态数据集检索的准确率。

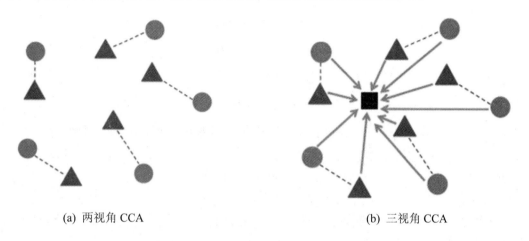

    (a) 两视角 CCA   (b) 三视角 CCA

图 4.12　两视角及三视角 CCA 方法示意图

6. PCCA

2005 年，Bach 和 Jordan 给出了 CCA 的概率解释，并提出了概率典型相关性分析[48]。图 4.13 所示为概率典型相关性分析图模型，PCCA 是一种线性高斯模型。

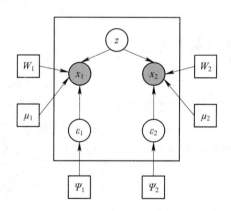

图 4.13　概率典型相关性分析图模型

设 $\boldsymbol{X}_1 = \{\boldsymbol{x}_{1n}\}_{n=1}^N \in \mathbf{R}^{m_1 \times N}$ 表示 m_1 维随机变量 $\boldsymbol{x}_1$ 的观察样本集合，$\boldsymbol{X}_2 = \{\boldsymbol{x}_{2n}\}_{n=1}^N \in \mathbf{R}^{m_2 \times N}$ 表示 m_2 维随机变量 $\boldsymbol{x}_2$ 的观察样本集合，N 表示样本数量，$\boldsymbol{z}$ 表示与随机变量 $\boldsymbol{x}_1$、$\boldsymbol{x}_2$ 相关的 d 维隐藏变量，$\boldsymbol{z}$ 的每个元素均服从独立标准正态分布。类似因子分析，可以定义以下线性高斯模型，即随机变量 $\boldsymbol{x}_1$、$\boldsymbol{x}_2$ 可以由 d 维隐藏变量 $\boldsymbol{z}$ 经过线性变换并附加一个高斯噪声生成：

$$\boldsymbol{z} \sim N(0, \boldsymbol{I}_d), \min(m_1, m_2) \geqslant d \geqslant 1 \qquad (4-17)$$

$$\boldsymbol{x}_1 = \boldsymbol{W}_1 \boldsymbol{z} + \boldsymbol{\mu}_1 + \boldsymbol{\varepsilon}_1, \boldsymbol{W}_1 \in \mathbf{R}^{m_1 \times d}, \boldsymbol{\varepsilon}_1 \sim N(0, \boldsymbol{\psi}_1) \qquad (4-18)$$

$$\boldsymbol{x}_2 = \boldsymbol{W}_2 \boldsymbol{z} + \boldsymbol{\mu}_2 + \boldsymbol{\varepsilon}_2, \boldsymbol{W}_2 \in \mathbf{R}^{m_2 \times d}, \boldsymbol{\varepsilon}_2 \sim N(0, \boldsymbol{\psi}_2) \qquad (4-19)$$

其中，W_1 和 W_2 表示线性变换矩阵，ε_1 和 ε_2 表示高斯噪声。存在使其似然函数最大化的参数 W_1、W_2，μ_1，μ_2，ψ_1，ψ_2 解析解，即

$$\hat{W}_1 = \tilde{\Sigma}_{11} U_{1d} M_1 \qquad (4-20)$$

$$\hat{W}_2 = \tilde{\Sigma}_{22} U_{2d} M_2 \qquad (4-21)$$

$$\hat{\psi}_1 = \tilde{\Sigma}_{11} - \hat{W}_1 \hat{W}_1^{\mathrm{T}} \qquad (4-22)$$

$$\hat{\psi}_2 = \tilde{\Sigma}_{22} - \hat{W}_2 \hat{W}_2^{\mathrm{T}} \qquad (4-23)$$

$$\hat{\mu}_1 = \tilde{\mu}_1, \ \hat{\mu}_2 = \tilde{\mu}_2 \qquad (4-24)$$

其中，$\tilde{\Sigma}_{11}$、$\tilde{\Sigma}_{22}$、$\tilde{\mu}_1$ 和 $\tilde{\mu}_2$ 分别表示随机变量 x_1 和 x_2 观察样本集合的协方差和均值，$U_{1d} \in \mathbf{R}^{m_1 \times d}$、$U_{2d} \in \mathbf{R}^{m_2 \times d}$ 为观察样本集合的 d 组典型相关特征向量，P_d 为相应特征值 λ_1、λ_2、$\cdots$、λ_d 组成的对角矩阵，M_1、M_2 为任意 $d \times d$ 矩阵，且 $M_1 M_2^{\mathrm{T}} = P_d$。$U_{1d}$、$U_{2d}$ 和 P_d 对应传统 CCA 方法的结果。

降维是 CCA 的一种主要应用，PCCA 给出了随机变量 x_1 和 x_2 从数据空间降维到隐空间的概率解释，即后验概率 $P(z|x_1)$ 和 $P(z|x_2)$：

$$P(z \mid x_1) \sim N(M_1^{\mathrm{T}} U_{1d}^{\mathrm{T}} (x_1 - \hat{\mu}_1), I - M_1 M_1^{\mathrm{T}}) \qquad (4-25)$$

$$P(z \mid x_2) \sim N(M_2^{\mathrm{T}} U_{2d}^{\mathrm{T}} (x_2 - \hat{\mu}_2), I - M_2 M_2^{\mathrm{T}}) \qquad (4-26)$$

作为早期的经典著作，CCA 已被广泛用于跨媒体检索[27],[47],[49]，跨语言检索[50]和一些视觉问题[51]。

4.2.2 基于偏最小二乘的检索方法

偏最小二乘的检索方法简称偏最小二乘法（Partial Least Squares，PLS），是一类广泛使用的方法，用于通过潜在变量对观察变量集之间的关系进行建模。从理论上看，偏最小二乘法不仅能够实现典型相关性分析的功能，还具备去噪音、突出主要潜变量等其他优点，将偏最小二乘法引入跨模态信息检索框架，将有利于优化基于相关性的跨模态信息检索的结果。

1. 偏最小二乘法

Sharma 和 Jacobs 使用 PLS 将不同模态的图像映射到一个共同的高度相关的线性子空间[52]。偏最小二乘分析是一种与普通最小二乘回归不同的回归模型，它首先将回归变量（输入）和响应（输出）投影到低维潜在线性子空间上。PLS 选择这些线性投影，以使回归指标的潜在得分和响应之间的协方差最大化，然后找到从回归指标的潜在得分到响应的潜在得分的线性映射。通过使用来自一种模态的图像作为回归器并使用来自另一模态的相应图像作为响应来应用 PLS。通过这种方式为每种模态学习了线性投影，该线性投影将图像映射到可以在其中进行比较的公共空间中。

假设有 n 个观测值（输入空间），并且每个观测值都是一个 p 维向量。相应的，在一个 q 维空间中有 n 个观测值作为输出。令 X 为回归矩阵，Y 为响应矩阵，其中每一行包含一个观测值，因此 X 和 Y 分别为 $(n \times p)$ 和 $(n \times q)$ 矩阵。PLS 对 X 和 Y 进行建模，使得

$$X = TP^\mathrm{T} + E \tag{4-27}$$

$$Y = UQ^\mathrm{T} + F \tag{4-28}$$

$$U = TD + H \tag{4-29}$$

其中，T 和 U 为 d 个提取的 PLS 分数或潜在投影的 $n \times d$ 的矩阵。$(p \times d)$ 矩阵 P 和 $(q \times d)$ 矩阵 Q 表示荷载矩阵，而 $(n \times p)$ 矩阵 E、$(n \times q)$ 矩阵 F 和 $(n \times d)$ 矩阵 H 是残差矩阵。D 是一个 $(d \times d)$ 对角矩阵，它与 X 和 Y 的潜在得分相关。PLS 以贪婪的方式工作，并在每次迭代时找到 X 和 Y 的一维投影。也就是说，它找到归一化的基向量 w 和 c，以使得分向量 t 和 u（T 和 U 的行）之间的协方差最大化，即

$$\begin{cases} \max([\mathrm{cov}(t, u)]^2 = \max([\mathrm{cov}(Xw, Yc)]^2 \\ \mathrm{s.\,t.} \quad \|w\| = \|c\| = 1 \end{cases} \tag{4-30}$$

PLS 使用贪婪算法迭代此过程，以找到将 X 和 Y 投影到更高维空间的多个基向量。将其与 CCA 的目标函数进行比较以强调 PLS 和 CCA 之间的差异是很有趣的。CCA 尝试最大化潜在得分之间的相关性，即

$$\max([\mathrm{corr}(Xw, Yc)]^2) \tag{4-31}$$

其中，

$$\mathrm{corr}(a, b) = \frac{\mathrm{cov}(a, b)}{\mathrm{var}(a) \cdot \mathrm{var}(b)} \tag{4-32}$$

将公式 (4-32) 代入公式 (4-30) 中，得到 PLS 目标函数为

$$\begin{cases} \max([\mathrm{var}(Xw)] \cdot [\mathrm{corr}(Xw, Yc)]^2 \cdot [\mathrm{var}(Yc)]) \\ \mathrm{s.\,t.} \quad \|w\| = \|c\| = 1 \end{cases} \tag{4-33}$$

从公式 (4-33) 中可以明显看出，PLS 试图使回归器和响应的潜在得分相关联，并且也捕获了回归器和响应空间中存在的变化。CCA 仅与潜在得分相关，因此在某些特殊条件下，CCA 无法很好地推广到看不见的测试点，甚至无法区分潜在空间中的训练样本。

考虑回归和响应数据矩阵 X 和 Y（均以列为中心）。我们将回归模型定义为

$$Y = XB + E \Rightarrow (XW)Z^\mathrm{T} + E \Rightarrow TZ^\mathrm{T} + E \tag{4-34}$$

其中，B 是从 X 到 Y 的 $(p \times q)$ 回归矩阵，W 是从 X 到潜在空间的 $(p \times d)$ 投影矩阵，T 是 X 的潜在分数矩阵，Z 是 $(q \times d)$ 矩阵，表示从 d 维潜在空间到 Y 的线性转换。因此，本质上我们可以将 Y 投射到潜在空间中，并计算其潜在得分 U 为

$$U = YZ(Z^\mathrm{T}Z)^{-1} \tag{4-35}$$

我们将使用 PLS 查找线性投影 w 和 c，以将两种模式拍摄的图像映射到公共子空间中。公式 (4-33) 表明 PLS 将寻找 w 和 c，这些 w 和 c 在来自不同模态的相应图像的投影中倾向于产生高水平的相关性方式。但是，如果投影不存在，则不能期望 PLS 会进行有效识别。

在许多情况下，可以将以两种不同模式拍摄的图像视为单个理想对象的不同线性变换。令 I_k 和 J_k 表示包含以两种方式拍摄的包含对应图像的像素的列向量。我们用 R_k 表示一个矩阵（或列向量），其中包含 I_k 和 J_k 的理想版本，因此可以这样表示：

$$\begin{cases} I_k = AR_k \\ J_k = BR_k \end{cases} \tag{4-36}$$

若想知道何时有可能找到向量 w 和 c，可以使用这些向量 w 和 c 将图像集投影到与它们高度相关的一维空间中。同时，也可以考虑一个更简单的方法，即看何时可以使投影相等，

即当找到 w 和 c 时，对于满足公式(4-39)的任何 I_k 和 J_k，都有：

$$w^{\mathrm{T}} I_k = c^{\mathrm{T}} J_k \Rightarrow w^{\mathrm{T}} A R_k = c^{\mathrm{T}} B R_k \qquad (4-37\mathrm{a})$$

$$\Rightarrow w^{\mathrm{T}} A = c^{\mathrm{T}} B \qquad (4-37\mathrm{b})$$

当且仅当 A 和 B 的行空间相交时，公式(4-37)才可以满足，因为公式(4-37b)的等式左边是 A 的行的线性组合，而等式右边是 B 的行的线性组合。对于多模态识别问题，例如不同面部图像、素描和照片等，我们可以使用训练集学习 PLS。然后，使用公式(4-34)和公式(4-35)可以将在两种不同模态下看到的同一对象的一对图像投影到潜在空间，以生成一对潜在得分。一旦获得了潜在空间分数，就可以进行简单的 NN 识别。出于实际目的，可简单地计算存储图像库的潜在投影，并在线计算查询图像的潜在投影。

2. 偏最小二乘回归

偏最小二乘回归(Partial Least Squares Regression，PLSR)是将预测变量减少为较小的一组不相关分量并对这些分量(而不是原始数据)执行最小二乘回归的方法。经典和流行的 PLSR 模型通常分为两种情况：PLS1 和 PLS2。PLS1 是 PLS2 的特例，仅包含一个响应变量。通常，PLS 回归的思想源自普通最小二乘(Ordinary Least Square，OLS)和主成分回归(Principal Components Regression，PCR)[53] 的思想。Chen 等人将 PLS 应用于跨模态文档检索[54]。他们使用 PLS 将图像特征切换到文本空间，然后学习一种语义空间以度量两种不同模态数据之间的相似性。令 $X \in \mathbf{R}^{n \times p}$，$Y \in \mathbf{R}^{n \times q}$ 为两个数据块矩阵，n 为数据样本数，p 和 q 分别为原始空间 X 和 Y 的维数，为了方便起见，列为零均值。可以使用经典的线性回归模型将这两个数据块关联起来，表示为

$$Y = XB + E \qquad (4-38)$$

其中，$B \in \mathbf{R}^{p \times q}$ 为回归系数矩阵，$E \in \mathbf{R}^{n \times q}$ 为残差矩阵。在跨模态检索的应用中，通过乘以回归系数矩阵 B 可以很方便地从一个模态 $\hat{X}$ 转换为另一模态 $\hat{Y}$，即

$$\hat{Y} = \hat{X} B \qquad (4-39)$$

PLSR 方法通常用于最大化上述两个数据矩阵块的相关性。PLSR 模型的优化目标是找到投影子空间 T 和 U 之间的最大协方差，但不考虑它们之间的回归关系。为了关联投影子空间，可以使用简单的回归函数：

$$U = TD + F \qquad (4-40)$$

其中，$D \in \mathbf{R}^{m \times m}$ 为子空间回归系数矩阵，$F \in \mathbf{R}^{n \times m}$ 为子空间残差矩阵。子空间回归关系可以映射到原始空间，如下所示：

$$Y = XB_{\mathrm{PLS}} + E = XX^{\mathrm{T}} U (T^{\mathrm{T}} XX^{\mathrm{T}} U)^{-1} T^{\mathrm{T}} Y + E \qquad (4-41)$$

其中，$B_{\mathrm{PLS}} = X^{\mathrm{T}} U (T^{\mathrm{T}} XX^{\mathrm{T}} U)^{-1} T^{\mathrm{T}} Y$ 为原始空间的回归系数矩阵。PLSR 模型通过解决如下问题而寻找映射矩阵：

$$\max_{|p|=1} \{ \mathrm{Cov}(Xp, y)^2 \cdot \mathrm{Var}(Xp)^{\frac{\sigma}{1-\sigma}-1} \} \qquad (4-42)$$

其中，p 为投影向量，且 $0 \leqslant \sigma \leqslant 1$，当 $\sigma = 1/2$ 时为 PLSR 模型。改变 σ 的取值可以改变回归模型，如 $\sigma = 0$ 时为 OLS，$\sigma = 1$ 时为 PCR。偏最小二乘法作为第二代多元回归分析法，同时兼顾了多元线性回归、主成分分析、典型相关性分析的优点，已被广泛应用于经济学、机械控制技术、社会调查研究、计量化学、神经医学成像等领域。

4.2.3 基于双线性模型的检索方法

双线性模型法(Bilinear Model，BLM)结合了广泛的适用性和现成的学习算法，使用双线性模型可以学习近似解，而不能明确地描述问题的内在几何或物理现象。Tenenbaum 和 Freeman 提出了一种 BLM，以获得用于跨模态人脸识别的公共空间[55]。他们提出了一套简单有效的双线性模型学习算法，基于人们熟悉的奇异值分解和最大期望技术，使用了三种信号——语音、排版和人脸图像进行实验。在跨模态人脸识别中，这两种模态对应于两种样式，而主体身份则对应于内容。他们提出学习 BLM 并将其用于不同任务中，例如识别内容未知的新图像的风格，或根据样式和内容的单独示例生成新颖的图像。但是，该方法还表明，其内容-样式模型可用于获取样式不变的内容表示形式，并且用于对不同样式的样本进行分类。

Tenenbaum 等人探索了两个相互之间密切相关的双线性模型，通过标签对称和不对称来区分。在对称模型中，使用参数向量(分别表示为维度 I 的 $\boldsymbol{a}^s$ 和维度 J 的 $\boldsymbol{b}^c$)来表示样式 s 和内容 c。令 $\boldsymbol{y}^{sc}$ 表示样式 s 和内容类别 c 的 K 维观测向量。假设 $\boldsymbol{y}^{sc}$ 是 $\boldsymbol{a}^s$ 和 $\boldsymbol{b}^c$ 双线性的函数，通常由以下形式给出：

$$y_k^{sc} = \sum_{i=1}^{I} \sum_{j=1}^{J} w_{ijk} a_i^s b_j^c \tag{4-43}$$

式中 i、j 和 k 分别表示样式、内容和观察向量的组成部分。w_{ijk} 与样式和内容无关，并且描述了这两个因素的相互作用。当我们以向量形式重写公式(4-43)时，它们的含义变得更加清楚。令 $\boldsymbol{W}_k$ 表示 $\{w_{ijk}\}$ 的 $I \times J$ 矩阵，公式(4-43)可以写成

$$y_k^{sc} = \boldsymbol{a}^{s^T} \boldsymbol{W}_k \boldsymbol{b}^c \tag{4-44}$$

其中，K 维矩阵 $\boldsymbol{W}_k$ 描述了从样式和内容向量空间到 K 维观察空间的双线性映射。交互项具有另一种解释，可以通过以不同的矢量形式编写对称模型来表示。令 $\boldsymbol{w}_{ijk}$ 表示分量为 $\{w_{ijk}\}$ 的 K 维向量，公式(4-43)可以写成

$$\boldsymbol{y}^{sc} = \sum_{i, j} \boldsymbol{w}_{ijk} a_i^s b_j^c \tag{4-45}$$

其中，$\boldsymbol{w}_{ijk}$ 为维度 K 的 $I \times J$ 的基向量，观察向量 $\boldsymbol{y}^{sc}$ 是通过将这些基向量与 $\boldsymbol{a}^s$ 和 $\boldsymbol{b}^c$ 的张量积给出的系数混合而生成的。

有时，在训练中学习到的几种基本样式的线性组合可能无法很好地描述新样式。通过使交互作用词本身随样式而变化，我们可以通过令交互项 w_{ijk} 随着样式改变以获得更灵活且不对称的模型。则公式(4-43)变为 $y_k^{sc} = \sum_{i, j} w_{ijk}^s a_i^s b_j^c$。在不失一般性的前提下，我们可以将公式(4-43)的特定样式术语组合为

$$a_{jk}^s = \sum_i w_{ijk}^s a_i^s \tag{4-46}$$

给定

$$y_k^{sc} = \sum_j a_{jk}^s b_j^c \tag{4-47}$$

同样，模型有两种解释，分别对应于公式(4-47)的不同矢量形式。首先，让 $\boldsymbol{A}^s$ 表示元素为 $\{a_{jk}^s\}$ 的 $K \times J$ 矩阵，公式(4-47)可以写成

$$\boldsymbol{y}^{sc} = \boldsymbol{A}^s \boldsymbol{b}^c \tag{4-48}$$

其中,可以将 a_{jk}^s 术语视为描述从内容空间到观察空间的特定于样式的线性映射。或者让 a_j^s 表示具有 $\{a_{jk}^s\}$ 分量的 K 维向量,则公式(4-47)可以写成

$$y^{sc} = \sum_j a_j^s b_j^c \qquad (4-49)$$

此时,可以将 a_{jk}^s 术语视为描述一组 J 个特定于样式的基础向量,这些向量根据特定于内容的系数 b_j^c(与样式无关)混合以产生观测值。

按照他们的非对称模型,Sharma 和 Jacobs 通过使用 SVD 分解矩阵 $\boldsymbol{Y}$(该矩阵 $\boldsymbol{Y}$ 将不同模态下的同一类别的图像连接在一起以构成一个长矢量)来学习模态矩阵 $\boldsymbol{A}^m$[52]:

$$\boldsymbol{Y} = \boldsymbol{USV}^T = (\boldsymbol{US})\boldsymbol{V}^T = (\boldsymbol{A})\boldsymbol{B} \qquad (4-50)$$

将 $\boldsymbol{A}$ 划分为不同模态的模型($\boldsymbol{A}^{m1}$ 和 $\boldsymbol{A}^{m2}$),而 m1 和 m2 可能表示两个不同的姿势或素描和照片,依此类推。矩阵 $\boldsymbol{U}$ 以 $\boldsymbol{YY}^T$ 的特征向量为列。将第 i 个特征向量和相关特征值分别表示为 λ_i 和 $\boldsymbol{u}_i$。因此,

$$\boldsymbol{a}_i = \lambda_i \boldsymbol{u}_i = (\boldsymbol{YY}^T)\boldsymbol{u}_i = \boldsymbol{Y}(\boldsymbol{Y}^T \boldsymbol{u}_i) = \boldsymbol{Y}(\boldsymbol{\alpha}_i) \qquad (4-51)$$

$\boldsymbol{a}_i$ 是一列向量,每个元素等于训练图像在特征向量 $\boldsymbol{u}_i$ 上的投影(内积),$\boldsymbol{a}_i$ 是矩阵 $\boldsymbol{A}$ 的第 i 列:

$$\alpha_{ik} = \boldsymbol{y}_k^T \boldsymbol{u}_i \qquad (4-52)$$

因此,每个特征向量 $\boldsymbol{u}_i$ 和向量 $\boldsymbol{a}_i$ 可以定义为训练图像 y_k 的线性组合。为了获得用于不同模态的模型,需要对向量 $\boldsymbol{a}_i$ 进行划分,以产生 $\boldsymbol{a}_i^{m1}$ 和 $\boldsymbol{a}_i^{m2}$,因此从公式(4-44)可以得到:

$$\boldsymbol{a}_i^{m1} = \boldsymbol{Y}^{m1} \boldsymbol{a}_i \qquad (4-53a)$$

$$\boldsymbol{a}_i^{m2} = \boldsymbol{Y}^{m2} \boldsymbol{a}_i \qquad (4-53b)$$

其中,$\boldsymbol{Y}^{m1}$ 和 $\boldsymbol{Y}^{m2}$ 是模态为 m1 和 m2 的图像作为其列的矩阵。我们在两种不同模态 m1 和 m2 上将同一对象的脸部图像投影表示为 $\boldsymbol{f}^{m1}$ 和 $\boldsymbol{f}^{m2}$,在 $\boldsymbol{a}_i^{m1}$ 和 $\boldsymbol{a}_i^{m2}$ 上获得投影系数 β_i^{mj},即

$$\beta_i^{mj} = (\boldsymbol{a}_i^{mj})^T \boldsymbol{f}^{mj} = (\boldsymbol{Y}^{mj}\boldsymbol{\alpha}_i)^T \boldsymbol{f}^{mj} = \boldsymbol{\alpha}_i^T ((\boldsymbol{Y}^{mj})^T \boldsymbol{f}^{mj})$$

$$= \boldsymbol{\alpha}_i^T (\boldsymbol{\gamma}^{mj}) = \sum_{k=1}^K \alpha_{ik} \gamma_k^{mj} \qquad (4-54)$$

在此,K 是在训练集中用于学习矩阵 $\boldsymbol{A}$ 的目标总数。向量 $\boldsymbol{\gamma}^{mj}$ 的每个元素为测试图像 $\boldsymbol{f}^{mj}$ 与训练集图像 $\boldsymbol{y}_k^{mj}$ 的内积。为了使 BLM 正常工作以进行识别,要求相应的投影系数($j = 1$、2 的 β_i^{mj})应大致相同。这就要求投影向量 $\boldsymbol{\gamma}^{mj}$ 对于 $j = 1$、2(式 4-54)应该大致相同,也就是每个训练图像对的投影系数在模态之间应该相同。通过使用 SVD 捕获图像中的变化,而文献[55]提出的 BLM 方法可以确保在此基础上将相同内容和不同样式的图像投影到相同坐标上。双线性模型以一种易于概括的形式表示观测值的内容,而这些观测值的形式与它们的风格无关。

4.2.4 基于传统哈希的检索方法

很多跨模态任务中往往要处理大量的高维数据,而怎样快速地从大量的高维数据集合中找到与某个数据最相似(距离最近)的一个或多个数据就成为了关键。大多数现有的实数跨模态检索技术都是基于暴力线性算法(Brute-Force Linear Search)的,这种算法在大规模的数据集下的时间效率并不理想。

为了解决该问题,需要采用一些索引技术加快查找过程,即最近邻搜索(Nearest

Neighbor)和近似最近邻搜索(Approximate Nearest Neighbor),而哈希方法就是近似最近邻搜索中的一种方法。在详细解读各种哈希方法之前,首先需要了解一些关于相似度度量、最近邻搜索与近似最近邻搜索以及局部敏感哈希(Locality Sensitive Hashing,LSH)的相关知识。

1. 相似度度量

相似度度量是一个用于量化数据间相似度的实数函数。虽然不存在一个单一的定义,但相似度度量在某种程度上可以认为与距离矩阵是相反的概念。这里将详细介绍哈希方法使用的汉明距离(Hamming Distance)和四种图像检索中较常用的距离度量:曼哈顿距离(Manhattan Distance)、欧氏距离(Euclidean Distance)、余弦相似度(Cosine Similarity)和杰卡德相似度(Jaccard Similarity)。图4.14所示为曼哈顿距离、欧氏距离和余弦相似度的关系示意图。

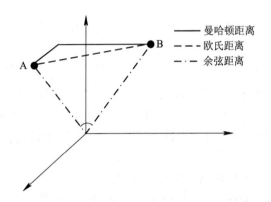

图4.14 三种常见的距离度量:曼哈顿距离、欧氏距离和余弦相似度的关系示意图

1)汉明距离

两个数据的汉明距离是指不同整数的对应位置上(二进制)不同比特值的个数。

举例来说,假设存在A:01010110和B:01010101两个二进制值,那么因为它们之间对应位的值有两处不同,因此它们之间的汉明距离为2。在实际操作中,只需要对两串二进制向量进行异或操作,就可以得到两向量间的汉明距离,从而极大地加快检索速度。

汉明重量是一种特殊的汉明距离,它指的是一个二进制值和与它等长的一个“零”二进制值的汉明距离。简单来说,就是一个二进制值中“1”的个数,例如,A和B的汉明重量均为4。

2)曼哈顿距离

曼哈顿距离又称为L1距离,等于两个向量间的L1范数。可以想象这样一个现实场景:你在曼哈顿开车,想要从A地到达B地,你的驾驶距离一定是两点间的直线距离么?显然在大多数情况下不是的,除非你能够穿越大楼。而最终实际的驾驶距离,即A、B两点横坐标差的绝对值加上纵坐标差的绝对值,即为曼哈顿距离。公式表达如下:

$$\text{dist}_{L1}(X, Y) = \sum_{i=1}^{n} |p_i - q_i| \qquad (4-55)$$

3)欧氏距离

欧氏距离也称为L2距离,即等于两个向量间的L2范数。欧氏距离是最常见的距离度

量，用来衡量多维空间中各个点之间的绝对距离，定义为

$$\mathrm{dist}_{L2}(X,Y)=\sqrt{\sum_{i=1}^{n}(p_i-q_i)^2} \tag{4-56}$$

X、Y 分别指向量空间内的任意两点，x_i 和 y_i 分别表示 X、Y 在第 i 维空间上的坐标。因此，在二维和三维空间中，两点间的欧氏距离即为它们的实际距离。其他所有不符合该条件的距离度量统称为"非欧距离"。非欧距离更多的是基于数据点的特性，而非数据点填在空间中的绝对位置。

4）余弦相似度

在几何的观念中，夹角余弦通常用来衡量两个向量间的方向差异，而机器学习借用了这一概念，引出了余弦相似度，即通过计算两个向量之间的夹角值来评估它们之间的相似度，可表示为

$$\cos(\theta)=\frac{\boldsymbol{A}\cdot\boldsymbol{B}}{|\boldsymbol{A}||\boldsymbol{B}|}=\frac{\sum_{i=1}^{n}A_i\times B_i}{\sqrt{\sum_{i=1}^{n}(A_i)^2}\times\sqrt{\sum_{i=1}^{n}(B_i)^2}} \tag{4-57}$$

以二维数据为例，将两个向量绘制到空间中，它们夹角所对应的余弦值即为余弦相似度。夹角越小，余弦值越接近 1，两个向量越相似；夹角越大，余弦值越接近 -1，两个向量就越不同。因此，余弦相似度更关注数据点间方向的异同，而跟向量的模长无关。

5）杰卡德相似度

杰卡德相似度通常用来判断两个集合的相似性。简单来说，集合 A 和集合 B 的杰卡德相似度即为两者的交集元素在其并集元素中所占的比例，用符号 $J_\delta(A,B)$ 表示。

$$J_\delta(A,B)=1-J(A,B)=\frac{|A\cup B|-|A\cap B|}{|A\cup B|} \tag{4-58}$$

杰卡德相似度主要应用于文本类任务中，如网页去重、论文查重、考试防作弊系统中。

2. 最近邻搜索与近似最近邻搜索

人们每天都在享受各种在线搜索、推送服务等各种在线服务带来的便利。而这些服务背后隐藏着庞大的数据库。如何让系统从庞大的数据库中快速找出最相似、最相关的内容推送给客户，这就是最近邻搜索方法需要解决的问题。

最近邻搜索的数学定义为

$$X^*=\arg\min_{x}\mathrm{dist}(x,q) \tag{4-59}$$

最近邻搜索是从搜索集合 X 中，找到距离查询目标 q 最近的一个点 X^*。对于不同的任务，集合中的元素 x 和查询目标 q 可以是向量、集合或其他不同的形式，而距离函数 $\mathrm{dist}()$ 是搜索集合 X 中对应的距离。在文本分类等任务中，一般使用杰卡德相似度作为距离函数，而在多模态图像检索等任务中，通常使用欧氏距离或余弦相似度度量。

相似度度量假设了分布在向量空间中的两个点，并衡量了它们之间的相似度；而最近邻搜索的目标是寻找和查询目标 q 相似的数据点，或者说是寻找在当前度量下距离 q "最近"的一个点。

从最近邻搜索的定义中可以看出，假设搜索集合 X 一共包含 N 个维数为 d 的向量，那么在使用线性搜索的情况下，需要度量所有数据点和查询目标间的相似度，因此时间复

杂度为 $O(dN)$。对于高维大量的数据来说，计算量可能会变得难以接受。因此，在实际问题中，近似最近邻搜索法——即寻找距离查询目标 q 近似最近点的搜索方法受到了广泛的关注。

从最近邻搜索的时间复杂度 $O(dN)$ 中可以得出，缩短搜索时间的方法主要有两种：一种是将空间降维，即降低维度 d，以此来缩短计算距离的时间；另一种是减少计算距离的次数，即降低向量计算数 N。当前的近似最近邻方法大多采用了对空间进行降维的方法，而哈希方法就是其中的一种。

目前经典的加速相似度检索的方法是二进制度量学习，也被称为哈希(Hash)学习。哈希算法是指可以把任意长度的输入转化为固定长度的输出的特定算法。由其定义可以看出，哈希算法虽然被称之为算法，但本质上它更接近于一种思想。哈希算法没有固定的公式，而符合其定义的算法都可以被称为哈希算法[6]。

目前，大部分的哈希学习方法都采用两步法。第一步是降维，即采用度量学习的方法对原始空间内的样本进行降维，从而把数据表示为低维空间中的向量。第二步是量化，即将得到的向量映射到二进制空间中，得到固定长度的二进制码(如 0101001110101)。然后将原先空间中的距离函数 dist() 近似为汉明距离。跨模态哈希方法的目的是找到数据不同模态之间的联系，将不同模态的数据通过哈希函数映射到一个共同的汉明空间(Hamming Space)，从而使能跨模态相似度检索。

简单来说，为了使得文本和图像的特征映射到同一个向量空间中，首先需要使用哈希函数将特征存放在哈希表中。哈希表又叫作散列表，是根据关键字(Key)而直接访问内存存储位置的数据结构。换句话说，若关键字为 k，则其值存放在 $f(k)$ 的存储位置上，函数 $f(k)$ 被称为哈希函数，存放记录的数组被称为哈希表。

哈希方法最适合求解的问题是查找与给定值相等的记录。对于查找来说，哈希方法简化了比较过程，使得效率大幅度提高。然而，哈希方法也不具备很多常规数据结构的优点。例如，当同样关键字能够对应很多不同记录的情况下，哈希技术将不再适用，即 $k_1 \neq k_2$，而 $f(k_1) = f(k_2)$，这种现象被称为冲突(Collision)，具有相同函数值的关键字对于该哈希函数称为同义词。例如，一个班有 70 个学生，使用关键词"男性"寻找，对应的记录有许多条，此时使用的哈希函数显然是不合适的。

那么如何去构造一个好的哈希函数呢？本书提供以下两种参考原则。

1) 计算简单

确保哈希表中的所有关键字都不会冲突，当然是人们想要追求的最好结果。然而一般这个算法需要复杂的计算，大大降低了查找的效率，也与哈希方法的初衷相悖。因此，哈希函数的计算时间不应该超过其他查找技术与关键字比较的时间。

2) 哈希地址分布均匀

在保证计算简单的基础上，也要尽可能地减少冲突发生的概率，在传统哈希方法中最好的解决方案就是尽量让哈希地址均匀地分布在存储空间中，既保证了存储空间的有效利用，也减少了处理冲突所需的时间。

常用的构造哈希函数的方法有以下几种：

(1) 直接定址法：取关键字或关键字的某个线性函数值为哈希地址。

这种哈希函数又被称为自身函数。显然，这样的哈希函数符合计算简单、分布均匀两项原则，且不会产生冲突。然而，这种方法只适用于已知关键字分布且关键字较少并连续的情况，因此这种方法虽然简单，却并不常用。

（2）折叠法：将关键字分割为位数相同的几部分（当关键字长为质数时，最后一部分的位数可以不同），然后取这几部分的舍去进位的叠加和作为哈希地址。

（3）平方取中法：取关键字平方后的中间几位为哈希地址。

（4）除留余数法：已知哈希表表长 m，取某个特定的值 $p \in \{p \mid p \leqslant m\}$，使关键字被 p 除后的余数为散列地址。

除留余数法是传统哈希方法中最常用的构建哈希函数的方法。在实际应用中，该方法不仅可以对关键字直接取模，也可以和其他方法一起使用，即折叠、平方取中后再取模。很显然，除留余数法的关键在于选取合适的 p，如果 p 选取不好，就容易产生同义词。使用该方法时，通常取 p 为小于或等于哈希表长的最大质数，或不包含小于 20 质因子的合数。然而，当所要查找的数据集足够大，数据点之间的距离很小时，再好的散列函数也难以完全避免冲突，因此，需要寻找处理冲突的办法。

最简单的处理冲突的办法就是开放地址法。其核心思想为：一旦发生了冲突，就去寻找下一个空的哈希地址，即只要哈希表足够大，总能够找到将冲突记录放入的空的哈希地址。这种方法虽然思路简单，然而在实际操作过程中，会出现 A、B 两个关键词本来不是同义词，而 A 换址后又与 B 的哈希地址冲突的情况，这种现象称为堆积。显然，堆积的出现，会导致在遍历哈希表的过程中不断地处理冲突，使得哈希方法的效率大幅降低。因此，这里引出了另外一种冲突处理的方法：链地址法。与开放地址法寻找空的哈希地址不同，链地址法直接在原地处理冲突。

图 4.15 所示为链地址法解决冲突的示例。具体来说，是将每个关键词下的所有同义词连接在同一个单链表中。即将哈希表定义为一个 m 长的指针数组，其每个哈希地址存放一个指向单链表的指针。这样，每次遇到同义词时，只需要将其添加到链表中，这既解决了冲突，又保证了动态制表，即在制表前不需要知道表长。

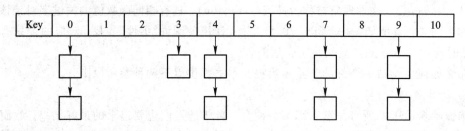

图 4.15　链地址法解决冲突的示例

3. 局部敏感哈希

在使用传统哈希方法时，需要避免冲突的发生，即防止不同的数据映射到同一个位置。而局部敏感哈希（Locality Sensitive Hashing，LSH）的思路不同，它恰恰期望原先相邻的数据能够被映射到相同的桶（即哈希地址）内，即将局部相邻的数据聚到一起。这样，当需要寻找某个数据的相邻元素时，只需要在该数据所在的桶内查找，即把一个从全集内查找相邻元素的问题转化为了在小集合内的查找问题，大幅降低了计算量。

图 4.16 所示为局部敏感哈希示意图，图中空间中较近的点分到同一个桶（Bucket）中，

而较远的点分到不同的桶中。局部敏感哈希的主要思想是，高维空间的两点若距离很近，那么该函数会对这两点哈希值进行计算并拉近，最终使得相似度高的数据能以较高的概率映射成同一个哈希值，而两个相似度低的数据能以较低的概率映射成同一个哈希值。

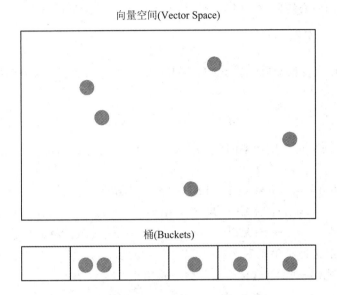

图 4.16　局部敏感哈希示意图

根据这个定义，假设在 L1 空间 S 中有任意两点 x 和 y，建立的哈希函数族应满足以下两个条件：

$$如果\ d(x,y) \leqslant d_1，则\ p(h(x)=h(y)) \geqslant p_1$$
$$如果\ d(x,y) \geqslant d_2，则\ p(h(x)=h(y)) \leqslant p_2$$

这里的条件正是上文中局部敏感哈希性质带来的约束，即当两点的距离小于 d_1 时，其哈希值相等的概率应大于 p_1，而当两点的距离大于 d_2 时，其哈希值相等的概率应小于 p_2，这样的哈希函数族，被称为 (d_1, d_2, p_1, p_2) 敏感。通过这样的哈希函数对原始数据集合进行哈希变换生成哈希表的过程即称为局部敏感哈希。

换句话说，通过哈希函数映射变换操作，将原始数据集合分成了多个子集合，由于每个子集合中的数据间是相邻的且该子集合中的元素个数较小，因此将一个在超大集合内查找相邻元素的问题转化为了在一个很小的集合内查找相邻元素的问题，显然计算量下降了很多。在图像检索领域，每张图像可以由一个或多个特征向量来表达，为了检索出与查询图像相似的图像集合，可以对图像数据库中的所有特征向量建立 LSH 索引，然后通过查找 LSH 索引来加快检索速度。例如，在文本-图像检索领域，将文本和图像各自转换成独立的哈希码后，就可以在同一个向量空间中通过距离算法实现跨模态检索。

4.2.5　其他检索方法

1. 跨模态因子分析法

除了以上方法外，Li 等人引入了一种跨模态因子分析（Crossmodal Factor Analysis，CFA）方法来评估两种模态数据之间的关系[56]。CFA 方法采用的准则是最小化变换域中成对数据之间的弗洛贝尼乌斯（Frobenius）范数。将来自不同模态的特征视为两个子集，并且仅关注这两个子集之间的语义模式，每个子集中的分布模式和噪声不应成为干扰因素。在线性相关模型下，找到可以最佳表示（或识别）两个不同子集的特征之间的连接模式的最佳转换。将采用以下优化标准进行优化：

给定两个平均中心矩阵 X 和 Y，它们组成了两个特征子集的逐行成对样本，目标为最小化，如下所示：

$$\| XA - YB \|_F^2 \tag{4-60}$$

其中，A 和 B 为正交变换矩阵，$A^T A = I$，$B^T B = I$。$\| M \|_F$ 为矩阵 M 的弗洛贝尼乌斯范数，可表示为

$$\| M \|_F = \left(\sum_i \sum_j | m_{ij} |^2 \right)^{\frac{1}{2}} \tag{4-61}$$

即 A 和 B 定义了两个正交变换空间，其中 X 和 Y 中的成对数据可以彼此尽可能接近地投影。因此有

$$
\begin{aligned}
\| XA - YB \|_F^2 &= \mathrm{trace}((XA - YB) \cdot (XA - YB)^T) \\
&= \mathrm{trace}(XAA^T X^T + YBB^T Y^T - XAB^T Y^T - YBA^T X^T) \\
&= \mathrm{trace}(XX^T) + \mathrm{trace}(YY^T) - 2 \cdot \mathrm{trace}(XAB^T Y^T)
\end{aligned}
\tag{4-62}
$$

其中矩阵的迹线定义为对角元素之和。可以很容易地看到，最大化迹（$XAB^T Y^T$）的矩阵 A 和 B 将最小化公式（4-60）。这样的矩阵由下式给出：

$$
\begin{cases}
A = S_{xy} \\
B = D_{xy}
\end{cases}, \quad X^T Y = S_{xy} \cdot V_{xy} \cdot D_{xy}
\tag{4-63}
$$

使用最佳变换矩阵 A 和 B，我们可以按如下方式计算 X 和 Y 的变换形式：

$$
\begin{cases}
\tilde{X} = X \cdot A \\
\tilde{Y} = Y \cdot B
\end{cases}
\tag{4-64}
$$

因此，$\tilde{X}$ 和 $\tilde{Y}$ 中的对应向量被优化以表示两个特征子集之间的对应关系，而不受每个子集内向量分布的影响。然后，可以对 $\tilde{X}$ 和 $\tilde{Y}$ 中的第一个和最重要的 k 个对应向量执行传统的皮尔逊相关系数或互信息计算[57]，这在较小的维度上保留了主要的连接模式，并且同时消除了无关的噪声。

除了减少特征尺寸和去除噪声外，特征选择能力是 CFA 的另一个优势。A 和 B 中的权重（或负载）自动反映单个特征的重要性。图 4.17 所示为 Li 等人通过训练 300 帧视觉面部信息及其相关语音特征获得的矩阵 A 的前 7 个矢量的绝对值。矩阵 A 能够突出显示与语音最对应的那些面部区域，从而明确地证明了 CFA 强大的功能选择能力，因此未来 CFA 有潜力成为许多多媒体分析应用程序的有力工具，包括多模态人脸定位、视听语音识别和多模式噪声消除等。

图 4.17　CFA 方法中面部-语音正交变换矩阵 A 的前 7 个向量的绝对值

2. 最大协方差展开法

Mahadevan 等 人 提 出 了 最 大 协 方 差 展 开（Maximum Covariance Unfolding, MCU)——一种用于同时减少来自不同模态数据的维数的流形学习算法[58]。MCU 算法给定来自两个不同但自然对齐的源数据的高维输入，计算一个通用的低维嵌入特征，该特征可最大程度地实现跨模态（源间）相关性，同时保留同模态（源内）距离。Mahadevan 等人研究了使用最大方差展开(Maximum Variance Unfolding，MVU)，同时减少来自不同输入模态的数据的维数。尽管原始算法不能解决此问题，但他们证明了它可以进行修改以提供令人信服的解决方案。在其原始公式中，MVU 会计算低维嵌入，从而在保留局部距离的约束下最大化其输出的方差。他们探索了 MVU 的一种修改方法，即计算了来自不同数据源高维输入的联合嵌入。在这种联合嵌入中，目标是发现仅在跨模态相关的那些可变程度下的常见低维表示。为了实现此目标，Mahadevan 等人设计了嵌入特征以最大化对齐输出之间的源间相关性，同时保留局部源内距离。类似于 MVU，他们将这种方法称为最大协方差展开。

MCU 的优化继承了 MVU 优化的基本形式，它可以转换为半正定规划。应用于大型数据集时，还可以在最新的更快速的 MVU 方法实现之后采用相同的策略。尤其是可以使用这些相同的策略展示如何将 MCU 的优化重新表示为半定二次线性规划。维基百科数据集上的结果证明了 MCU 发掘图像和文本之间的相关性的能力。MCU 不仅揭示了来自不同输入方式的可变性的相关程度，而且还删除了不相关的特征。MCU 的这种功能使它具有更广泛的应用范围，因为总体上来说，我们期望来自真正不同模态的输入具有许多独立的自由度，例如，文本中有多种方法来描述单个特定图像，就像在图像中有许多方法能够说明一个特定的单词。

3. 集体成分分析法

Shi 等人提出了一种集体成分分析(Collective Component Analysis，CoCA)的原理[59]，以处理异质特征空间上的降维。CoCA 的原则是在两个约束下找到具有最大方差的特征子空间。他们首先分析了两种特殊情况下的 CoCA 原则。图 4.18 所示为计算广告的异质特征空间，共有两种情况：① 有多个基于矢量的数据源(图 4.18(a)为多用户信息，图 4.18(b)为用户浏览状态)；② 有多个图形关系数据源(图 4.18(c)为多用户社交网络)。然后，将这两种情况结合起来，将它们投影到一个公共特征子空间(图 4.18(d)为统一的特征子空间)，并讨论将矢量特征和相关特征混合起来的情况，在来自不同特征空间的投影之间应该一致。其次，应该最大化数据(在任何网络数据库中)之间的相似性。Shi 等人设计了相应的优化问题，并通过某些矩阵的特征向量获得了最终的结果。此外，在给定多个来源数据的情况下，他们设计了二次规划问题，以识别信息量更大的数据来源，讨论了如何使用先验知识来区分数据源的有用信息，并在 CoCA 中对其进行最佳加权以学习更好的投影。

4. 贪婪字典构建法

Zhu 等人提出了一种跨模态检索问题的贪婪字典构建算法[60]，通过引入重构误差项和模态间的最大平均误差度量来保护数据紧凑性和模态适应性。他们考虑跨文本和图像文件的信息检索任务，包括检索与文本查询中的描述非常匹配的相关图像，以及检索能最好地解释图像查询内容的文本文档。为了学习同构特征空间，他们引入了贪婪的字典构造方法，可以在确保数据平滑性的同时适应跨模态数据，他们提出的目标函数由两个模态的两

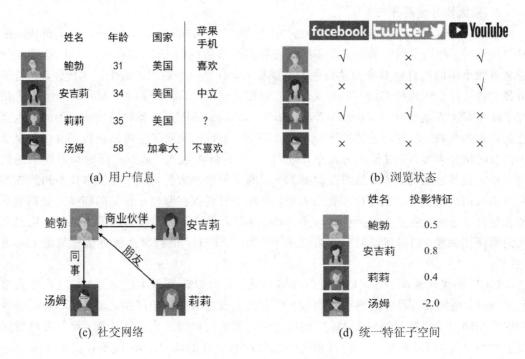

<table>
<tr><td colspan="5">(a) 用户信息</td></tr>
</table>

	姓名	年龄	国家	苹果手机
	鲍勃	31	美国	喜欢
	安吉莉	34	美国	中立
	莉莉	35	美国	?
	汤姆	58	加拿大	不喜欢

(a) 用户信息

	facebook	twitter	YouTube
	√	×	√
	×	×	√
	√	√	×
	×	×	×

(b) 浏览状态

(c) 社交网络

姓名	投影特征
鲍勃	0.5
安吉莉	0.8
莉莉	0.4
汤姆	-2.0

(d) 统一特征子空间

图 4.18　计算广告的异质特征空间

个重构误差项和一个测量跨模态差异的最大平均差异（Maximum Mean Discrepancy，MMD）项组成。重构项和 MMD 项的优化产生了紧凑的和模态自适应的字典对。通过在限制字典大小和系数稀疏性的同时最大化候选信号集的方差缩减可以制定联合组合优化问题。利用 Zhu 等人提出的目标函数的子模性和单调性，可以通过高效的贪心算法解决优化问题，并确保至少达到$(e-1)/e \approx 0.632$ 的近似最优值。贪婪字典构建算法在 Wikipedia 数据集上实现了最前沿的性能。

5. 稀疏投影矩阵法

Wang 等人提出了学习稀疏投影矩阵来解决多模态检索问题[61]的方法。该矩阵将维基百科中的图像-文本对映射到潜在空间中，以进行跨模态检索。为了更好地组织这些视觉和文本数据，一个有前景的研究领域是对来自维基百科的多模态数据中的嵌入主题进行联合建模。在这项工作中，他们提出学习将数据从异构特征空间映射到统一的潜在主题空间的投影矩阵。与以前的方法不同，通过对投影矩阵施加 L1 正则化函数，每个主题只关联了少量相关的视觉/文字单词，这使模型更具解释性和鲁棒性。此外，作者在提出的模型中明确考虑了不同模式下维基百科数据的相关性，通过对真实的 Wikipedia 数据集进行的几次实验验证了所提主题提取算法的有效性。

本节主要介绍了跨模态检索的传统方法，这些方法主要通过学习判别性的共享子空间来最大化相关性，对于训练而言相对有效并且易于实现。但是，这些方法的共同不足就是没有考虑各模态内的数据局部结构和模态间的结构匹配，仅通过线性投影很难完全模拟现实世界中跨模态数据的复杂相关性。此外，大多数方法只能对两种模态的数据进行建模，但是多模态检索通常涉及两种模态以上的数据类型。

4.3 多模态检索前沿方法

随着时代的发展，越来越多的多模态检索方法涌现了出来，主要包括基于深度学习的检索方法、基于哈希的快速检索方法以及基于主题模型的检索方法。

4.3.1 基于深度学习的检索方法

基于深度学习的检索方法主要利用深度学习的特征提取能力，通过深度神经网络（Deep Neural Network，DNN）或卷积神经网络（Convolutional Neural Network，CNN）学习多模态数据的非线性关系，在底层提取不同模态的有效表示，并在高层建立不同模态的语义关联。根据学习共同表示时所利用的标签信息，可以将跨模态检索方法进一步分为无监督的深度学习检索方法、基于成对数据的深度学习检索方法、基于排序的深度学习检索方法和有监督的深度学习检索方法四类。一般而言，一种方法利用的信息越多，获得的性能就越好。

1. 无监督的深度学习检索方法

无监督的深度学习检索方法仅利用共现（协同一致）信息来学习多模态数据的共同表示。共现信息意味着，如果在多模态文档中共存不同的数据模式，则它们具有相似的语义。例如，文本描述以及图像或视频通常共同存在于网页中以说明同一事件或主题。

1）双模态受限玻尔兹曼机

传统方法很难获得多模式数据的联合表示。Ngiam 等人受深度学习的最新进展启发，应用深度网络来学习多种形式的特征，其重点在于学习与嘴唇口型视频对应的音频的表示形式。他们提出了一系列用于多模态学习的任务，并展示了如何训练神经网络来学习特征以解决这些任务[62]。要训练多模态模型，一种直接方法是在级联的音频和视频数据上训练受限玻尔兹曼机（Restricted Boltzmann Machine，RBM），图 4.19（a）所示为浅层双模态 RBM 模型。尽管此方法共同模拟了音频和视频数据的分布，但仅限于浅层模型，特别是音频和视频数据之间是高度非线性相关的，因此 RBM 很难学习这些相关性并形成多模态表示。在实践中，他们发现学习较浅的双模态 RBM 会导致隐藏的神经元与单个模态中的变量具有很强的联系，但很少有跨模态的神经元。

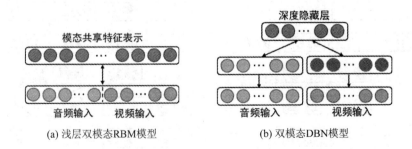

(a) 浅层双模态RBM模型　　　　(b) 双模态DBN模型

图 4.19　RBM 预训练模型

因此，在深度学习方法的启发下，Ngiam 等人考虑在每种模态的预训练层上贪婪地训练 RBM。图 4.19（b）所示为双模态深度置信网络（Deep Belief Network，DBN）模型，该模型通过学习的第一层特征来表示数据，可以更轻松地学习跨模态的高阶相关性。在形式上，第一层表示对应于音频和发音嘴型，而第二层则对它们之间的关系进行建模。图4.20显示了从提出的模型中学习到的特征的可视化，包括对应于发音嘴型的视觉图示例。视觉图捕获了嘴唇的运动和咬合，包括不同的口腔咬合、张开和闭合以及露出牙齿等状态。但是，上述多模态模型仍然存在两个问题。首先，模型没有明确的目标函数来发掘各模态之间的相关性，该模型有可能找到特征表示，但会使某些隐藏单元仅针对音频进行调整，而另一些仅针对视频进行调整。其次，该模型在跨模态学习环境中使用时比较笨拙，在受监督的训练和测试过程中，仅存在一种模态，这就需要整合出未观察到的可见变量来进行推理。

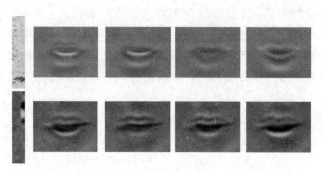

图4.20 音频-视觉图对特征表示的可视化

Ngiam等人提出了一种深度自编码器模型，用于解决上述两个问题。首先考虑跨模态学习设置，在特征学习过程中两种模态都存在，但是只有一种模态用于监督训练和测试。当仅提供视频数据时，视频深度自编码器模型（图4.21(a)）经过训练可重构两种模态，从而发现模态之间的相关性。他们使用双模态DBN模型（图4.19(b)）的权重初始化视频深度自编码器，并丢弃不再出现的任何权重。视频深度自编码器中间层可用作新的模态共享的特征表示。另一方面，当多种模态可用于当前任务时（例如多模态融合），由于需要为每个模态训练一个深度自编码器，因此无法使用该视频深度自编码器模型进行训练。受去噪自编码器的启发[63]，Ngiam等人提出使用增强但含噪的数据集训练双模态深度自编码器模型（图4.21(b)），并附带仅具有单模态作为输入的其他示例。深度受限的玻尔兹曼机成

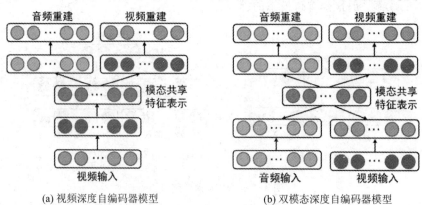

(a) 视频深度自编码器模型   (b) 双模态深度自编码器模型

图4.21 深度自编码器模型

功地学习了多模态数据的联合表示，它首先使用单独模态的潜在模型来学习每种模态的低级表示，然后融合到高层的深层架构中的联合表示中。该方法有效地学习了一种对缺少模态的输入具有鲁棒性的模型。

2）对应自编码器

Feng 等人提出了一种涉及对应自编码器（Correspondence Autoencoder，Corr-AE）的新型模型用于跨模态检索[64]。该模型是通过关联两个单模态自编码器的隐藏特征表示而构建的。他们提出了一种新颖的目标函数，将每个模态的表征学习误差和两个模态的隐藏表示之间的相关学习误差的线性组合最小化，以对模型进行整体训练。相关学习误差的最小化迫使模型学习仅具有不同模态中的公共信息的隐藏表示，而表征学习误差的最小化使得隐藏表示足以重构每种模态的输入。参数 α 用于平衡表示学习误差和相关学习误差。

图 4.22 所示为对应自编码器示意图，Corr-AE 体系结构由两个子网络组成，每个子网络都是一个基本的自编码器模型。这两个网络通过编码层上的预定义相似性度量进行连接。Corr-AE 中的每个子网络负责每种模态数据，输入的是一个模态的特征。在学习期间，两个子网络使用相似性度量在其编码层连接。学习后，Corr-AE 中的两个子网络虽然具有相同的体系结构，但会显示不同的参数。最终，可以使用学习到的网络参数来获得用于新输入的编码。

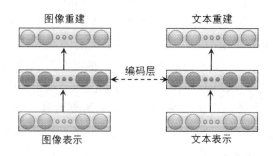

图 4.22　对应自编码器模型

图 4.23 所示为对应跨模态自编码器（Corr-Cross-AE）模型，它可以将基本的自编码器替换为跨模态自编码器。与基本的自编码器本身可重构输入不同，跨模态的自编码器可从不同的模态重构输入。跨模态自编码器中图像模态的表征学习考虑了来自文本模态的信息，反之亦然。通过训练的模型能够获得模态之间的相关性，从而提升跨模态数据检索的准确率。

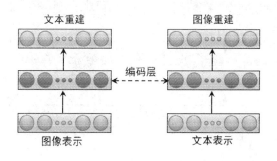

图 4.23　对应跨模态自编码器模型

全模态自编码器(Corr-Full-AE)可以被视为对应自编码器和对应跨模态自编码器的组合，这种自编码器可以对音频和视频数据进行建模。基本的 Corr-AE 也很容易基于全模态自编码器扩展到 Corr-Full-AE。图 4.24 所示为对应全模态自编码器模型，它不仅可以重构输入本身，还可以重构来自不同模态的输入。这个"完整的"表征空间包含来自两种模态的信息。

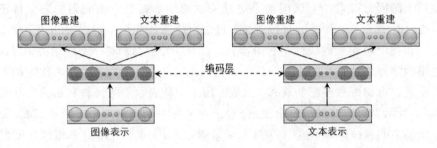

图 4.24　对应全模态自编码器模型

来自不同模态的数据可能具有非常不同的统计特性，这使得自编码器模型难以直接捕获跨模态的相关性。为了解决这个问题，Feng 等人提出了一种深层的体系结构。首先使用一些堆叠的模态亲和模型学习高级语义表示来删除特定于某一模态的属性信息。然后，Corr-AE 用于在更高级别上学习相似表示。图 4.25 所示为深度网络模型，它由三个堆叠的部分组成。前两个部分都是 RBM。第一部分有两个扩展的 RBM，第二部分有两个基本的 RBM。简而言之，RBM 是一个无向的概率图模型，在可见层和隐藏层中具有随机的二进制单元，但在这两层中的单元之间没有连接。对于可见层，高斯 RBM[65] 和复制的 softmax RBM[66] 可以分别用来为图像的实值特征向量和文本的离散稀疏字数向量建模。在学习了 RBM 之后，隐藏层可以用作第二部分的输入。第二部分涉及两个基本的 RBM，它们用于

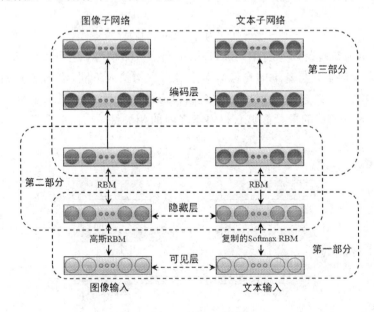

图 4.25　深度网络模型

学习图像和文本的高级功能。第三部分可以引入上述三个对应自编码器(Corr-AE、Corr-Cross-AE、Corr-Full-AE)中的任何一个。Corr-AE 的学习可以使用标准的反向传播算法执行。

　　由于深度架构可以将不同模态的数据映射到相同的表示空间,因此将自编码器模型用于跨模态检索任务很简单。例如,给定一个文本查询,希望可以返回相关图像。在学习了这种深层架构之后,所有测试图像都从三部分图像子网络映射到表征空间。新的查询文本从三部分文本子网络映射到相同的空间。文本查询和所有候选图像之间的相似度可以通过表征空间中的简单距离度量来计算。这样在使用文本搜索图像时,对于任何查询文本,图像排名列表都会通过增加距离来进行排列。

　　在这项工作中,Corr-AE 通过将基本自编码器替换为跨模态自编码器而扩展为 Corr-Cross-AE。Corr-Full-AE 是通过组合 Corr-AE 和 Corr-Cross-AE 来构建的。通过实验,证明了它们在跨模态检索中的有效性。

　　3)联合嵌入模型

　　Xu 等人提出了一个统一的框架来联合建模视频和相应的文本句子[67]。该框架由三个模型组成:一个复合语义语言模型、一个深度视频模型以及一个联合嵌入模型。基于这三个模型,该框架能够完成自然语言生成、视频检索和语言检索三个任务。

　　复合语义语言模型可增强基本内容(尤其是视频中具有视觉意义的部分)之间的语义兼容性。假设视频的基本语义可以通过主语、动词、宾语三元组获得,则可将自然句子描述解析为分别表示每个主语、动词和宾语的 SVO 三元组,然后利用文献[68]中提出的连续语言模型用连续向量表示 SVO 的每个元素。基于初始单词向量,我们在依赖树结构中构建复合语义语言模型。图 4.26 所示为联合框架概述,它的右侧显示了该模型,其中的 S、

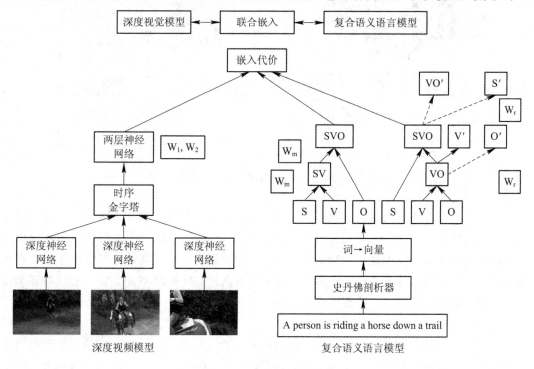

图 4.26　联合框架概述

V 和 O 是叶节点，在特定问题中有两种结构。为了向更高的层构建叶节点，可将组合函数应用于两个叶节点，权重 $\mathbf{W}_m$ 进行递归直到根节点组成完毕。因此，根节点是视频和文本空间中 SVO 三元组的表示。节点的组成可以通过复合函数的权重进行明确的建模。

受到深度学习进展[69]的启发，文献[69]的作者提出了一个深度视频模型，如图 4.26 左侧所示，视觉特征是通过深度神经网络从每个视频的一系列帧中提取的，并通过使用时间金字塔方案来捕获运动信息，然后构建一个两层神经网络以将视觉特征映射到视频-文本空间。$\mathbf{W}_1$ 和 $\mathbf{W}_2$ 是两层神经网络中的权重。复合语义语言模型捕获可帮助约束视觉模型的高级语义信息，相反，深度视觉模型可提供视频信息来支持单词的选择。

联合嵌入模型可将视频文本空间中的深度视频模型和合成语言模型的输出距离最小化，并在统一框架中共同更新这两个模型。实验证明了该模型相对于 SVM 基线、CRF 模型和 CCA 基线在视频语言空间方面的优势。

2. 基于成对数据的深度学习检索方法

与无监督的深度学习检索方法相比，基于成对数据的深度学习检索方法利用更多相似对(或不相似对)来学习不同数据形式之间有意义的度量距离，这可以视为异构度量学习。图 4.27 展示了异构数据度量学习的基本原理。两张硬币图与其对应的文本描述距离相近，而两个图像-文本对之间距离较远，通过距离度量可以将图像与其各自对应的文本拉近，将不同图像-文本对距离拉远。通过相似对与不相似对进行异质数据间的度量学习，可以提升检索精度。

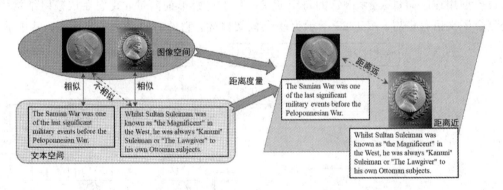

图 4.27　异构数据度量学习的基本原理

1) 潜在特征学习法

为了预测社交媒体数据之间的联系，Yuan 提出了一种关于隐藏特征学习的新思路，以解决社交媒体网络中的高级任务[70]。这种思路的基本前提是，如果能够考虑集体效应并为各种社交媒体数据学习统一的特征表示，则可以使用现成的机器学习算法解决社交媒体分析或应用程序的后续任务，并且其性能有望得到改进。图 4.28 展示了基于隐藏特征学习的社会媒体数据分析框架。隐藏特征是社交媒体网络中数据的一种潜在表示形式，其学习方法包括组成和分解特定结构的底层特征以及整合来自相互联系的社交媒体数据的集体效应。根据产生的隐藏特征空间可以执行更高级别的社交媒体任务，例如连接分析、跨模态检索等。位于中间层的隐藏特征涉及来自低层特征的特征融合，并获取连通数据之间的依赖性。此外，由于隐藏特征数据驱动和自动学习的，而不是预先定义的，因此可以确保其鲁棒性。

Yuan 等人利用深度学习进行特征学习的原因包括两个方面：

（1）自下而上的贪婪无监督的预训练和微调机制非常适合多样化和异构的社交媒体数据特点。最终的特征表示是通过特征层次结构来学习的，其中较高层的特征由较低层特征的组成和分解形成。按照这种分层的学习结构，生成的特征将获取原始特征中的依赖关系和交互作用，并解释更抽象和更强大的语义信息。

（2）深度学习可以从多个相关的机器学习角度进行解释，例如神经网络和概率图模型等。这种理论上的灵活性使在统一的框架下解决社交媒体数据和最终社交媒体应用程序的特征学习成为可能。为了解决集体效应，有必要将深度学习模型与常规机器学习模型（例如矩阵分解和非参数贝叶斯统计）相结合。

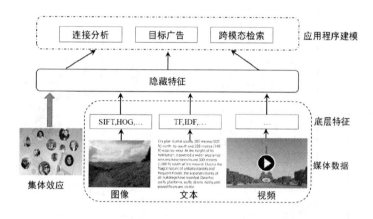

图 4.28　基于隐藏特征学习的社会媒体数据分析框架

为了验证这一想法，Yuan 等人提出了一个关系生成深层置信网络（Relational Generative Deep Belief Nets，RGDBN）模型，这个模型利用网络中社交数据之间的关系以学习它们的隐藏特征。在 RGDBN 模型中，数据之间的联系是根据其隐藏特征的相互作用生成的。通过将无参的贝叶斯模型整合到经过修改的"深层置信网络"中，网络即可学习可以最好地嵌入媒体内容和观察到的媒体数据关系的隐藏特征。该模型能够分析异构数据和同类数据之间的联系，也可用于跨模态检索。通过分析证实，特征学习过程保留了足够的信息来捕获异构数据和同类数据之间的交互。学习的隐藏特征更能代表媒体内容和它们的观察链接，可以改善用户推荐和社会图像标注等社交媒体任务的性能。

2）模态特定深度结构方法

Wang 等人提出了一种基于模态特征学习的新型模型，该模型采用的网络结构称为模态特定深度结构（Modality-Specific Deep Structure，MSDS）[71]，如图 4.29 所示。考虑到不同模态的特性，该模型使用两种类型的卷积神经网络将原始数据分别映射到图像和文本的隐藏空间，用于文本特征提取的卷积神经网络引入词嵌入学习，这种学习可有效地提取有意义的文本特征以进行文本分类。在隐藏空间中，图像和文本的映射特征形成了相关的和不相关的图像-文本对，被一对多的学习方案所使用。通过利用一个相关和更多不相关的对，该学习方案可以实现排名功能。

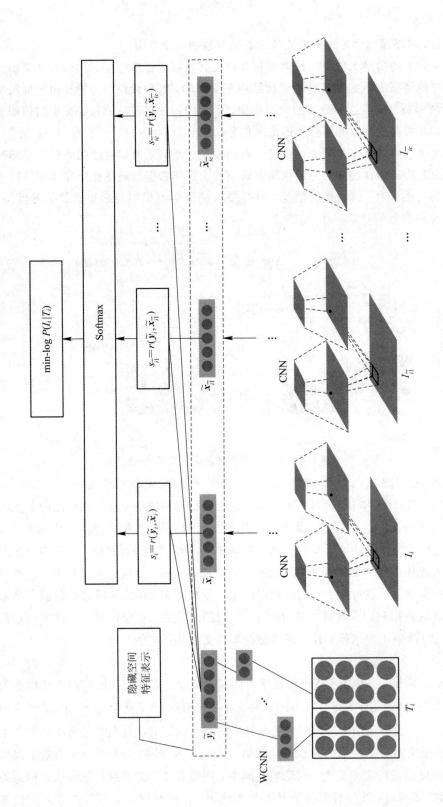

图4.29 MSDS结构示意图

基于模态特征学习的模型着重于以文本形式作为查询。对于每个文本查询，文本及其匹配的图像形成相关对，而不相关的对则由文本和一些不匹配的图像构成。具体而言，相关对是(T_i, I_i)。对于不相关的图像对，选择c个随机不匹配图像$\{(T_i, I_{ij}^-)\}_{j=1}^c$（在实验中将$c$设置为4）。在训练过程中，从文本$T_i$选择的不匹配图像在每次迭代中都是不同的。输入的文本和图像利用词嵌入CNN(Word Embedding CNN，WCNN)和CNN被转换到隐藏空间。在潜在空间中，图像-文本对的相关性分数可通过余弦相似性估算：

$$s_i = r(\tilde{\boldsymbol{y}}_i, \tilde{\boldsymbol{x}}_i) = \frac{\tilde{\boldsymbol{y}}_i^{\mathrm{T}} \tilde{\boldsymbol{x}}_i}{\parallel \tilde{\boldsymbol{y}}_i \parallel \parallel \tilde{\boldsymbol{x}}_i \parallel} \qquad (4-65)$$

式中，$\tilde{\boldsymbol{y}}_i$、$\tilde{\boldsymbol{x}}_i$为WCNN生成的文本特征和CNN生成的图像特征。我们的目标是扩大相关对的相关性分数，同时抑制不相关对的相关性分数。为了实现这个目标，可采用最大似然框架。首先，收集相关和不相关对的相关分数，以通过softmax函数在给定文本查询的情况下计算相关图像的后验概率：

$$P(\boldsymbol{I}_i \mid \boldsymbol{T}_i) = \frac{\exp(\boldsymbol{s}_i)}{\exp(\boldsymbol{s}_i) + \sum_{j=1}^c \exp(\boldsymbol{s}_{ij}^-)} \qquad (4-66)$$

接下来，将训练集上相关图像后验概率的负对数可能性最小化来训练模型参数：

$$\min_{\theta} - \log \left\{ \prod_{i=1}^N P(\boldsymbol{I}_i \mid \boldsymbol{T}_i) \right\} \qquad (4-67)$$

式中，θ为模型参数，包括WCNN参数以及CNN参数(图中的CNN共享参数)。根据上面的描述，提出的模型中的体系结构可以同时使用相关对和不相关对。这种设计可以使模型充分探索相关对和不相关对之间的相互作用。在测试阶段，首先由训练过的CNN和WCNN提取图像和文本的特征。接下来，使用公式(4-65)计算图像-文本对的相关性分数。最后，根据图像(文本)的相关性得分将它们进行排序。

3. 基于排序的深度学习检索方法

基于排序的深度学习检索方法利用排序列表来学习特征通用表示，将跨模态检索作为学习排序的问题进行研究。

1）深度视觉语义嵌入模型

在深度学习中，N向离散分类器将所有标签视为不相关的类别，使该视觉识别系统无法将有关已学习标签的语义信息传递到看不见的单词或短语。为了解决这些问题，尊重视觉空间的自然连续性，Frome等人提出了一种新的深度视觉语义嵌入模型(Deep Visual-Semantic Embedding Model，DeViSE)[72]，利用文本数据来学习标签之间的语义关系，并将图像显式映射到丰富的语义嵌入空间中。

Frome等人的目标是在文本域中学习语义知识，并将其迁移到视觉目标识别任务训练的模型中。为了实现该目标，首先需要对一个简单的神经语言模型进行预训练，使其非常适合学习单词中有意义的语义信息，且用密集的矢量形式表示。他们同时预训练了用于视觉对象识别的最先进的深度神经网络，并配有传统的softmax输出层。然后，他们通过获取预先训练的视觉对象识别网络的底层特征并对其进行重新训练，以预测语言模型所学习的图像标签文本的矢量表示，从而构建一个深层的视觉语义模型。

图4.30右侧为跳词语言模型，跳词文本建模体系结构已显示出可以从未注释的文本

中高效学习语义上有意义的浮点表示形式。该模型通过预测文档中的相邻术语,将每个术语表示为固定长度的嵌入向量。因为同义词倾向于出现在相似的上下文中,所以模型容易学习语义相关单词的相似嵌入向量。Frome 等人对从维基百科中提取的 570 万份文档(54亿个单词)的语料库训练了一个跳词文本模型。这个跳词模型使用层次化的 softmax 层来预测相邻项,并使用 20 词窗口进行了一次数据集训练。语言模型学习了可以在视觉任务中利用的丰富语义结构。另外,他们采用的视觉模型架构由几个卷积滤波以及局部对比度归一化和最大池化层组成,还包括使用了丢弃正则化技术训练的全连接神经网络层。训练后的模型使用 softmax 输出,以从 ILSVRC 2012 1K 数据集中预测 1000 个类别的对象之一,并能够重现其结果。

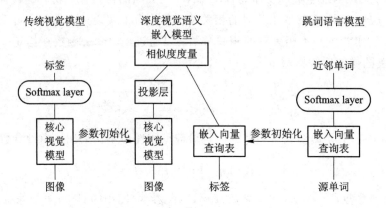

图 4.30　传统视觉模型(左)、跳词语言模型(右)以及深度视觉语义嵌入模型(中)

Frome 等人从图 4.30 所示的传统视觉模型和跳词语言模型初始化了深度视觉语义嵌入模型。跳词语言模型学习的嵌入向量,用于将标签映射到目标向量表示中。核心视觉模型通过投影层和相似性度量进行训练,去除了 softmax 预测层的核心视觉模型来预测每个图像的矢量。投影层执行一个线性变换的过程,该过程将核心视觉模型顶部的 4096 维特征表示映射到语言模型固有的 500 维或 1000 维表示。

实验表明,在按固定的 N 个度量标准进行训练和评估时,该模型的性能与最新的视觉对象分类器相当,同时在执行过程中减少了语义上不合理的错误。该模型利用视觉和语义相似性来正确预测未知类别的对象类别标签,即使对于仅训练 1000 个类别的模型而言,对未知视觉类别的数量为 20 000 的目标进行分类仍然有效。

2) 深度片段嵌入模型

Karpathy 等人引入了图像和句子的双向检索模型[73],该模型将视觉和语言数据嵌入到通用的多模态空间中。与以前将图像或句子直接映射到公共嵌入空间中的模型不同,此模型在更高级的层上起作用,并将图像(对象)的片段和句子(类型化的依赖树关系)嵌入到公共空间中。

该方法的任务是给定句子查询检索相关图像,反之,给定查询图像检索相关句子。我们在 N 个图像和描述图像内容的 N 个对应句子的集合上训练模型,图 4.31 所示为计算片段以及图像-语句相似度的过程,给定这组对应关系,当通过网络输入兼容的图像-句子对时,这种模型可以学习具有结构损失的神经网络的权重以输出高分,否则输出低分。一旦训练完成,所有训练数据都将被丢弃,网络将根据一组保留的图像和句子进行评估。评估会对测试集中的所有图像句子对进行评分，并对图像/句子按评分递减的顺序进行排序，然后将真值结果的位置记录在列表中。

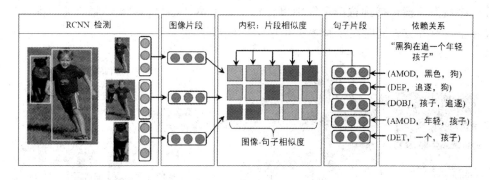

图 4.31　计算片段以及图像-语句相似度过程

　　Karpathy 等人的核心见解是图像具有复杂的结构，图像由描述图像的句子明确提到的多个词语（对象）组成。他们通过将图像和句子分解为片段并推理它们的对齐方式来直接在模型中捕获这些信息。特别的，他们利用图像片段检测目标，并使用句子依赖树关系作为句子片段（图 4.31），使用神经网络计算图像和句子片段的表示形式，并将顶层作为嵌入公共多模态空间中的高维向量，这些向量之间的内积被视为片段兼容性得分，并计算全局图像-句子得分，该得分被看作它们各自片段得分的固定函数。直观上来看，如果每个句子片段都可以可靠地与图像中的某个片段相匹配，那么图像句子对将获得较高的整体评分。最后，通过学习神经网络的权重，以使真实的图像句子对比错误的图像句子对获得更高的分数。

　　3）深度合成跨模态学习排序

　　Jiang 等人利用现有的图像文本数据库来优化用于跨模态检索的排序函数，这种函数称为深度合成跨模态学习排序（Deep Compositional Cross-modal Learning to Rank，C^2 MLR）[74]函数。C^2 MLR 旨在对图像和文本固有的局部和全局结构特性进行建模，以促进对多模态数据的公共空间的学习。C^2 MLR 考虑从优化成对排序问题同时增强局部对齐和全局对齐的角度学习多模态特征嵌入，不仅通过局部对齐为视觉对象和文本单词构建局部公共空间，而且还通过全局对齐为图像和文本中的复合语义学习全局公共空间。此外，C^2 MLR 根据图像中视觉对象和文本中文字的孤立语义嵌入来生成图像和文本的复合语义嵌入，因此 C^2 MLR 所学习的全局公共空间不仅保留了图像和文本之间的相关性，而且保留了视觉对象和文字之间的相关性。在获得局部和全局公共空间中图像和文本的通用表示形式之后，C^2 MLR 通过基于局部和全局对齐的方式评估图像和文本之间的相关性来预测排名列表。

　　图 4.32 所示为 C^2 MLR（训练和预测）中基于局部全局对齐进行排序的深度复合多模态学习过程，给定一张包含羊、狗和草地的查询图像和检索到的文本，首先使用局部对齐方式将查询图像中的视觉对象和检索到的文本中的文本实体（即名词）分别通过映射矩阵 $\boldsymbol{W}_P$ 和 $\boldsymbol{W}_I$ 映射到局部公共空间中，这样每个视觉对象就可以与其最相关的文本实体对齐。在通过复合语义嵌入矩阵 $\boldsymbol{W}_C$ 生成查询图像和检索到的文本的复合语义嵌入特征之后，通过将查询图像和检索到的文本映射到全局公共空间中来进行全局对齐，以使查询图像与其相关的描述文本对齐。由 $\boldsymbol{W}_P$、$\boldsymbol{W}_I$ 和 $\boldsymbol{W}_C$ 参数化的排名函数通过评估局部和全局公共空间中图像

和文本之间的相关性来获得查询图像的排名文本。在训练过程中，C²MLR不仅像传统网络一样将排名损失从较高级别(全局公共空间)反向传播(BP)到较低级别(局部公共空间)，而且还将损失直接传播到这两个级别以在每个级别更新参数。实验结果表明，将局部对齐方式和全局对齐方式同时用于跨模态排序可以提高排序性能。

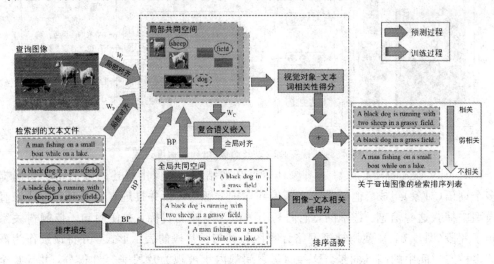

图 4.32　C²MLR(训练和预测)中基于局部全局对齐进行排序的深度复合多模态学习

4. 有监督的深度学习检索方法

为了获得更具区分性的公共空间表示形式，有监督的深度学习检索方法利用标签信息进行训练，从而能够在公共表示空间中更好地对不同类数据进行分隔。

1) 正则化深度神经网络

Wang 等人提出了一种正则化的深度神经网络(Regularized Deep Neural Network，RE-DNN)模型[75]，用于跨模态的语义映射。他们设计并实现了一个5层神经网络来学习该模型，以捕获不同输入之间的高度非线性关系，用于将视觉和文本特征映射到公共语义空间中，从而可以测量不同模态之间的相似性。用于联合模型学习的深度架构能够通过停用整个网络的一部分来解决模态缺失问题。此外，对于小批量训练，它可将其扩展以处理大规模数据。

Wang 等人设计了一种深度体系结构以学习每种模态的语义特征和跨语义映射。图4.33 展示了所提出的正则化深度神经网络结构。输入文件分为文本文件和图像文件，分别用于语义特征提取。在模态表示中，使用预先训练的 CNN 和"主题袋"(Bag of Topics，BOT)，图像和文本表示为4096维视觉特征和20维文本特征，它们都是训练深度神经网络以进行跨模态映射的输入。$W^{(l)}$ 是 l 和 $l+1$ 层之间的权重，II是视觉和文本特征融合在一起的公共语义空间。他们采用Caffe 参考模型[76]作为视觉模型 W_v 进行视觉语义特征提取。在学习文本语义特征时，通过使用潜在狄利克雷分配法训练了文本模型 W_t。基于学习到的语义视觉和文本特征，他们设计了一个5层神经网络(5L-NN)以建立一个联合模型 J 并学习不同模态之间的相关性。整个学习过程可以分为两个阶段：进行模态内正则化的有监督预训练和整个网络训练。模态内正则化主要负责为 DNN 的前三层的每个模态学习最佳权重。由于该 DNN 具有来自两种不同模态的输入，因此可以采用有监督的预训练来估计每种模态内的权重和偏差。然后使用优化的权重和偏置初始化整个网络。

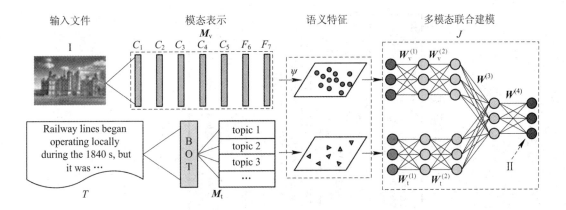

图 4.33　用于跨模态语义映射的正则化深度神经网络(RE - DNN)

2）深度语义匹配方法

Wei 等人提出了一种深度语义匹配方法（deep Semantic Matching，deep-SM）[77]，以解决带有一个或多个标签的样本的跨模态检索问题。他们学习了两个独立的深度网络，以将图像和文本映射到具有更高抽象层的公共语义空间，因此可以根据它们共享的真实标签来建立两个模态之间的相关性。deep-SM 学习由多个非线性变换组成的深度神经网络，以产生作为语义特征的类的概率分布。对于 deep-SM，神经网络的输出是图像或文本的类标签上的固有概率分布，概率分布的分数可用作跨语义检索的公共语义空间上的学习特征。

具体而言，Wei 等人从在大规模图像数据集 ImageNet 上进行预训练的 CNN 上提取现成的视觉特征，为了使预训练的 CNN 模型更好地适应特定数据集，利用了来自目标数据集的图像来微调预训练的模型。研究人员将现成的 CNN 视觉特征与经过微调的 CNN 视觉特征在跨模态检索任务中进行比较，实验结果表明，经过目标数据集图像微调的 CNN 视觉特征可以进一步提升检索的准确率。

3）跨模态卷积网络正则化法

尽管卷积神经网络可以很好地对跨模态场景进行分类，但它们学习的跨模态中间表示形式无法对齐，这对于跨模态数据转换应用而言是不可取的。Castrejon 等人提出了两种方法来正则化跨模态卷积网络[78]，以便在训练过程中仅场景类别弱对齐的情况下，中间表示形式也可以实现跨模态对齐。这项工作的重点是在模态显著不同（例如，文本和自然图像）并具有类别监督时学习跨模态表示。需要注意的是，该方法学习的是在同一对象上激活的隐藏单元，而不管其模态如何。尽管唯一的监督信息是场景类别，但跨模态卷积网络正则化法能保证自动对齐。

跨模态表示可以对多种计算机视觉应用产生重大影响。例如，出于隐私、法律或管理原因（例如医院中的图像），某种模态的数据可能难以获取，但其他模态的数据可能很丰富，可以使用易得到的模态数据来训练模型。在搜索中，用户可能希望以一种对人们来说更易于生成（例如绘图或书写）的方式在给定查询的情况下检索相似的自然图像。另外，某些模态数据对于人机通信可能更有效。

Castrejon 等人提出了一个新的数据集 CMPlaces 来训练和评估跨模态场景识别模型。图 4.34 所示为 CMPlaces 数据集部分样例，它涵盖了五种不同的模态：真实图像、剪贴画、

图4-34 跨模态场景数据集CMPlaces部分样例

真实图像　剪贴画　草图　空间文本　文字描述

卧室

There is a bed with a striped bedspread. Beside this is a nightstand with a drawer. There is also a tall dresser and a chair with a blue cushion. On the dresser is a jewelry box and a clock.

I am inside a room surrounded by my favorite things. This room is filled with pillows and a comfortable bed. There are stuffed animals everywhere. I have posters on the walls. My jewelry box is on the dresser.

幼儿园教室

There are brightly colored wooden tables with little chairs. There is a rug in one corner with ABC blocks on it. There is a bookcase with picture books, a larger teacher's desk and a chalkboard.

The young students gather in the room at their tables to color. They learn numbers and letters and play games. At nap time they all pull out mats and go to sleep.

草图、空间文本和文字描述。其目标是针对 CMPlaces 中的不同模态学习一种高度一致的表示，即针对所有模态共享的场景，学习一种表示方式，其中不同的场景部分或内容独立于模态表示。这项任务颇具挑战性，部分原因是训练数据仅使用场景标签进行注释，而不是场景与模态表示一一对应，这意味着该方法必须从弱对齐的数据中学习强对齐。通过扩展单模态分类网络，以便处理多种模态。研究者引入的主要修改是：

（1）每个模态都有一个网络。

（2）强制在所有模态更高层之间语义共享。

这样做的动机是让网络浅层专门用于提取模态特定的特征（例如自然图像中的边缘、线条图中的形状或文本中的短语），而较高的层则旨在捕获特征表示中与模态无关的较高级别的概念（例如对象）。

Castrejon 等人提出的第一种方法为模态微调方法，该方法受到微调的启发，微调是使用深度网络结构进行迁移学习的一种流行方法[79, 80]。用于微调的常规方法是将网络的最后一层替换为目标任务的新层。微调的原理是，可以在所有视觉任务之间共享较浅的层（如果在目标任务中没有大量数据，则可能很难学习），而较深的层则可以专用于目标任务。除了替换网络的最后一层（特定于任务），还可以替换网络的较浅层（特定于模态）。通过冻结网络中的深层，研究者将高级表示形式转移到其他模态。为此，他们首先学习将用于所有五种模态的源特征表示。因为高级语义（对象）出现在较深的层中，所以他们通过使用 Places-CNN 网络作为初始表示，然后训练每个特定于模态的网络，以按其模态对场景进行分类，同时将共享的较高层保持固定。因此，每个网络将被迫产生对齐的中间表示，以便更高的层将对正确的场景进行分类。由于最初仅使用一种模态（自然图像）来训练较高级别的层，因此它们没有机会适应其他模态。在为每个模态训练了固定迭代次数之后，可以解冻网络较深的层，并联合训练整个网络，从而允许后面的层适应来自其他模态的信息，而不会过度拟合模态特定的表示。如果训练这种多模态网络从一开始就不冻结后面的层，那么神经单元往往会专门化为提取特定的模态特征，这对于跨模态数据转换是不可取的。研究者通过首先强制学习高级语义信息，然后转移为模态信息，可以获得更加模态不变的特征表示形式。

第二种方法称为统计正则化，该方法引导中间层跨模态特征具有相似的统计信息，是建立在文献[81]方法的基础之上的，文献[81]的方法在目标检测任务中迁移统计属性，在这里 Castrejon 等人改为在模态间迁移激活值的统计属性，并在学习过程中，为隐藏的激活值添加了正则化项，促使中间的隐藏激活层具有跨模态的相似统计信息。该方法探索两种分布：多元高斯和高斯混合，强制每个模态网络具有与 Places-CNN 相似的更高层统计信息。

这两种方法基于互补原理，可以在学习网络时共同应用。通过先固定共享层训练一定的迭代次数来组合这两种方法，然后解冻共享层的权重，进行第二种方法的正则化训练，以促使激活值在各模态上统计相似，并避免过度拟合特定的模态。

4）对抗跨模态检索

近几年来，基于对抗学习的跨模态检索技术引起了广泛关注。Wang 等人提出了一种新颖的对抗式跨模态检索（Adversarial Cross-Modal Retrieval，ACMR）方法[99]，该方法基于对抗式学习寻求有效的公共子空间。图 4.35 所示为对抗跨模态检索框架，该框架主要包

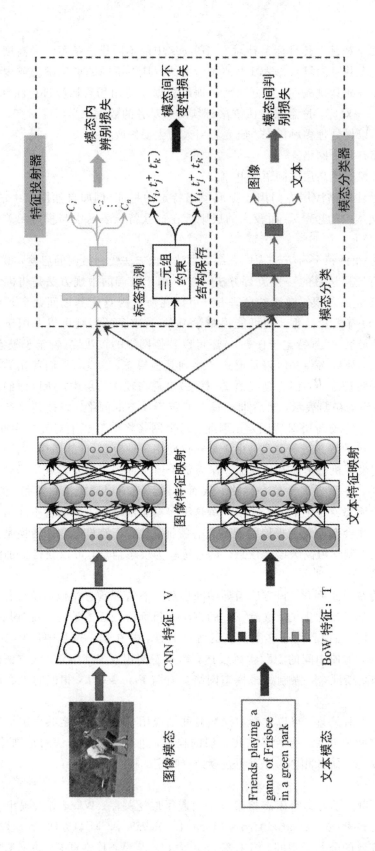

图4-35 对抗跨模态检索索框架

括两个部分。第一个部分是特征投射器，它试图在公共子空间中生成模态不变表示，并试图欺骗另一个部分，即模态分类器。模态分类器试图根据所生成的特征表示来区分不同的模态，并以此方式引导特征投射器的学习。通过将模态分类器看作对手，特征投射器期望通过更好地对齐各个模态中目标特征表示的分布，更有效地达到模态不变性。然后，通过该部分的收敛，即当模态分类器"失败"时，将得出最适合跨模态检索的表示子空间。此外，学习特征投射器以使其联合执行标签预测并在数据中保留潜在的跨模态语义结构。通过这种方式可以确保学习到的特征表示既可以在模态内区分不同类别，又可以在模态之间保持不变。后者是通过对模态间目标相关性施加更多限制的方式来实现的。

通过进一步在特征投影上施加三元组约束，以最小化具有相同语义标签的来自不同模态的所有目标的特征间隔，同时最大化语义上不同的图像和文本之间的距离，当多模态数据投影到公共子空间中时，可以更好地保留多模态数据的潜在跨模态语义结构。

5）跨模态特征嵌入生成模型

与现有的将图像-文本对作为单个特征向量嵌入到公共表示空间中的方法不同，Gu 等人提出将生成过程纳入跨模态特征嵌入中[100]的方法，该方法除了在全局语义级别嵌入常规的跨模态特征之外，还在局部引入了其他跨模态特征嵌入。该方法以两个生成模型为基础：图像到文本以及文本到图像。图 4.36 说明了跨模态特征嵌入生成模型的概念，该模型包括三个学习步骤：看、想象和匹配。给定一张房间的图像或文本查询，我们首先查看查询以提取抽象的特征表示。然后，想象其他模态中的目标（文本或图像）应该是什么样，并获得更具体的基础特征表示。我们通过规定一种模态（待估计）的表示来生成另一种模态中的特征，并将生成的目标与标签进行比较。之后，我们使用相关分数匹配正确的图像-文本对，该相关分数是基于真实和抽象表示的组合计算得出的。

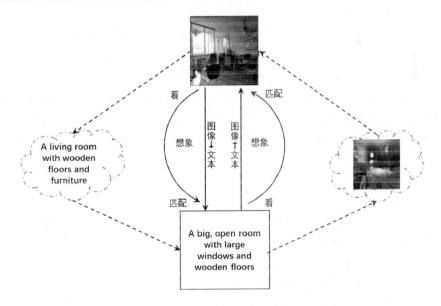

图 4.36　基于生成模型的跨模态特征嵌入概念图

首先，研究者将两个生成模型合并到常规的文本-视觉特征嵌入中，从而学习具体的基础特征表示形式，并捕获两种模态之间的细节相似性。其次，对基准数据集 MSCOCO

进行的大量实验结果表明，将基础表示法和抽象表示法结合使用可以显著提高跨模态图像-文本检索的性能。

深度学习具有大量的训练样本、超级的计算能力和深度模型的丰富表示能力，故相比于子空间学习法，深度学习法能够进一步提升跨模态检索的性能。

4.3.2 基于哈希的快速检索方法

哈希检索方法起源于 Indyk 等人提出的局部敏感哈希（Locality Sensitive Hashing，LSH），因此也被认为是前沿哈希方法中的基线（Baseline）算法。该方法使用随机投影把每个向量投影为固定长度的二进制码。由于该方法使用的是固定的哈希函数，而没有利用查询集中的数据来构造哈希函数，因此该类方法也被称为数据独立哈希（Data-Independent Hashing）。而随着机器学习的不断发展，通过对数据集进行学习来构成哈希函数的数据依赖哈希（Data-Dependent Hashing）凭借对数据敏感、查询速度快、占用内存小的优势成为基于哈希的图像检索算法的主流。

其中较早的经典工作，是由 Weiss 等人提出的谱哈希的方法。而当今基于深度学习的哈希方法，根据其训练方法的不同，又可以分为无监督学习（Unsupervised Learning）、对偶学习（Pairwise-based learning）和监督学习（Supervised Learning）三种基于哈希的快速检索方法。根据其哈希函数的不同，每种方法又可以进一步分为使用线性模型的方法和使用非线性模型的方法。下面将介绍每种哈希方法中的经典算法。

1. 基于哈希的无监督学习快速检索方法

跨视角哈希[82]（Cross-View Hashing，CVH）起初是为了解决相同样本不同视角下的识别问题，而如今也常常被作为跨模态哈希的基线算法使用。在下面的例子里，为了与原文统一，下文使用原文中的"视角"来取代"模态"。

假使 $O=\{o_i\}_{i=1}^{n}$ 为一组跨视角数据集，$-x_i^{(k)}$ 是数据 O_i 的第 k 个视角，而 W_{ij} 作为评价原数据 O_i 和 O_j 的相似度矩阵。在训练时，同时输入数据集 O 和相似度矩阵 W，输出结果 $y^{(k)}$，即数据的第 k 个模态通过哈希函数生成的哈希码。

跨视角哈希的目的是通过哈希函数，进行跨视角相似度搜索。因此，我们希望哈希函数能够将相似的目标转化为相似的哈希码。具体来说，就是当数据 O_i 和 O_j 是相似数据时，使每个哈希函数 $f^{(k)}$ 能将数据 O_i 和 O_j 转化为相似的哈希码。当前，两者的所有视角的汉明距离为

$$d_{ij} = \sum_{K}^{k=1} d(y_i^{(k)}, y_j^{(k)}) + \sum_{K}^{k=1} \sum_{K}^{k'>k} d(y_i^{(k)}, y_j^{(k')}) \qquad (4-68)$$

和谱哈希一样，跨视角哈希对哈希码做了一系列约束来保证学习到的哈希码的离散性、平衡性及不相关性，即规定：

（1）哈希码每个比特的值为 1 或 -1；

（2）任意哈希码的比特值之和为 0；

（3）任意哈希码和自己的转置相乘为单位阵。

因此，跨视角哈希的训练过程可以转化为最小化相似数据的哈希码的过程，即

$$\begin{cases} \min \bar{d} = \sum_n^{i=1} \sum_n^{j=1} \boldsymbol{W}_{ij} \boldsymbol{d}_{ij} \\ \text{s.t. } \boldsymbol{Y}^{(k)} \boldsymbol{e} = 0, \ k = 1, \cdots, K \\ \dfrac{1}{Kn} \sum_K^{k=1} \boldsymbol{Y}^{(k)} \boldsymbol{Y}^{(k)^{\mathrm{T}}} = \boldsymbol{I}_d \\ \boldsymbol{Y}_{ij}^{(k)} \in \{-1, 1\}, \ k = 1, \cdots, K \end{cases} \tag{4-69}$$

其中，e 为 n 长的 1 矩阵，I 为单位矩阵。对该问题进行线性松弛后，即将此问题转为多项式时间问题，从而在较短时间内获得局部最优结果。

图 4.37 所示为不同种方法在跨模态数据上生成哈希码的不同方式的示意图。上文中提到的跨视角哈希对于每个实例的每个视角都生成了一个独立的哈希码，因此也被称为特定视角哈希（View-specific Hashing）。特定视角哈希在生成各个视角独立的哈希码后，为比较各个数据的相似性，需要再把生成的各个哈希码统一。而 CMFH[83]更进一步，将直接生成各个视角统一的哈希码。

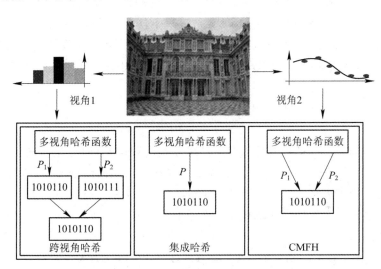

图 4.37 跨视角哈希、集成哈希和 CMFH 不同视角生成哈希码的方式

CMFH 包含两个部分：一个是脱机学习哈希函数并生成数据集，另一个是在线的编码和检索。在脱机过程中，CMFH 学习一个统一的哈希码 $\boldsymbol{Y} = [\boldsymbol{y}_1, \cdots, \boldsymbol{y}_n]$。对于样本外的数据，CMFH 和之前的跨视角哈希方法一样，对于每一个模态生成一个单独的哈希码 f_t。这个过程可以写为

$$f_t(\boldsymbol{x}^{(t)}) = \boldsymbol{P}_t \boldsymbol{x}^{(t)} + \boldsymbol{a}_t, \ \forall t \tag{4-70}$$

其中，$\boldsymbol{P}_t \in \mathbf{R}^{k \times d_t}$ 是一个映射矩阵，$\boldsymbol{a}_t \in \mathbf{R}^k$ 是一个补偿单位矢量。在线过程中，每一种的查询集（Query）都会通过哈希函数映射为一个轻量级的编码，比如给定一个 t_0 模态的查询集 $\boldsymbol{x}^{(t_0)}$，那么它将会生成 $\boldsymbol{y} = \text{sign}(f_{t_0}(\boldsymbol{x}^{(t_0)}))$。然后 CMFH 将返回其他模态中相似的查询结果。因此，CMFH 的异或操作只在计算汉明距离时使用，而不需要在统一哈希码中使用。

Wang 等人提出了一个高效的非线性跨模态模型[84]，该模型通过优化一个新的目标函数可以同时捕捉模态内和模态间的数据的语义关系。图 4.38 所示为该基于栈式自编码器（Multiple Stacked Auto Encoder，MSAE）的网络模型，网络的栈式结构使得该模型能够更

好地学习非线性映射的能力。

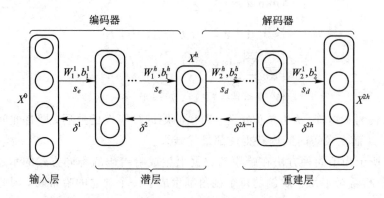

图 4.38　基于栈式自编码器的网络模型

　　以图像和文本两个典型模态为例，MSAE 使用了不同的处理方式。MSAE 通过高维度的实向量来表示图像输入。在编码器中，每个输入的图像都会通过 Sigmoid 函数转化为一个潜向量。而在解码器中，由于 Sigmoid 函数表现不佳，且图像的特征通常遵循高斯分布，因此 MSAE 将图像视为一个带独立高斯噪音的线性单位。当把图像特征归一化，使得均值和方差均为 0 时，高斯噪音也可被忽略。因此，可以使用一个恒等函数 I 作为的解码器的激活函数。

　　MSAE 使用欧氏距离来度量图像间的重建损失：

$$L_r^I(x_0, x_2) = 0.5 \parallel x_0 - x_2 \parallel_2^2 \tag{4-71}$$

　　而对于文本输入，MSAE 通常以词向量或标签出现向量（每个维度的值等于该标签在文本中出现过的次数）来表示。由于文本特征直方图通常遵循泊松分布，因此 MSAE 使用了速率自适应泊松模型来进行文本重建。这样，就得到了两个模态各自的训练方法。

　　为了进行多模态的训练，MSAE 又加入了类内距离 L_d，使得训练时能够同时缩小模态内和模态间的距离：

$$L(\boldsymbol{X}^0, \boldsymbol{Y}^0) = \alpha L_r^I(\boldsymbol{X}^0, \boldsymbol{X}^{2h}) + \beta L_r^T(\boldsymbol{Y}^0, \boldsymbol{Y}^{2h}) + L_d(\boldsymbol{X}^h, \boldsymbol{Y}^h) + \xi(\theta) \tag{4-72}$$

其中，$\boldsymbol{X}^0$ 和 $\boldsymbol{Y}^0$ 表示图像和文本的训练特征向量，每一个括号中的对都代表着一个模态间的对，比如一张图像和它对应的标签；$\boldsymbol{X}^{2h}$ 和 $\boldsymbol{Y}^{2h}$ 是其对应的重建矩阵；$\boldsymbol{X}^h$ 和 $\boldsymbol{Y}^h$ 是潜特征矩阵。

　　对于哈希表征学习，轻量化是保证其高效相似性搜索性能最关键的评价指标。而给定一个特定的二进制码，在各个比特位之间存在的冗余严重影响了其高效性。通过移除冗余，就可以在相同比特的哈希码中存放更多的信息，或者用更短的哈希码存放相同的信息。Wang 等人提出的正交正则化的深度多模态哈希（Deep Multimodal Hashing with Orthogonal Regularization，DMHOR）[85] 可以学习准确轻量的跨模态表达。比起 MSAE，DMHOR 可以更好地捕捉模态内和模态间的数据的语义关系。同时，通过在学习到的权重矩阵中添加的正交正则器，可以使特征表达轻量化，也减少了哈希码中的冗余信息。

　　为了解决哈希码中的冗余问题，Wang 等人提出了正交约束来对哈希码中各个比特位去相关。具体来说，假设图像输入 $\boldsymbol{X}_v$ 和文本输入 $\boldsymbol{X}_t$ 是相互正交的，那么可以把之前哈希方法中的损失函数简写为

$$\begin{cases} \min_{\theta} L_1(\boldsymbol{X}_v, \boldsymbol{X}_t; \theta) = \dfrac{1}{n}\sum_n^{i=1}(L_{vt} + \lambda L_{\overline{v}t} + \mu L_{v\overline{t}}) + \nu L_{reg} \\ \text{s. t. } \dfrac{1}{n}\widetilde{\boldsymbol{H}}^{\mathrm{T}} \cdot \widetilde{\boldsymbol{H}} = \boldsymbol{I} \end{cases} \qquad (4-73)$$

其中，L_{vt} 是图像和文本之间的模态间损失，而 $L_{\overline{v}t}$ 和 $L_{v\overline{t}}$ 分别是文本和图像特征的模态内损失，L_{reg} 是一个防止过拟合的 L2 正则化项。然而，上述的损失函数却是一个难以优化的问题，原因有两个方面：首先，哈希码的值是离散的，这导致哈希码本身不可微。为了解决这个问题，研究者参照谱哈希，解除了对哈希码的离散约束，改为在最后通过阈值来生成哈希码。其次，哈希码之间的正则关系本身对哈希码产生了约束，使得它难以对整个数据集进行训练，而只能通过通常方法，即使用 mini-batch 进行训练。为了解决这个问题，DMHOR 提出了下列引理：

假设 $\boldsymbol{H} = \sigma(\boldsymbol{W}_x \boldsymbol{X}^{\mathrm{T}} + \boldsymbol{W}_y \boldsymbol{Y}^{\mathrm{T}})$，如果 $\boldsymbol{X}$、$\boldsymbol{Y}$、$\boldsymbol{W}$ 都是正交矩阵，且 $\boldsymbol{W}_x^{\mathrm{T}}\boldsymbol{W}_y = 0$，那么哈希码本身满足正交条件。

因此，原先的哈希损失函数可以写为

$$\min_{\theta} L(\boldsymbol{X}_v, \boldsymbol{X}_t; \theta) = L_1 + \gamma \boldsymbol{W}_v^{(m_v+1)} \cdot \boldsymbol{W}_t^{(m_t+1)^{\mathrm{T}}} \boldsymbol{I}_F^2 + \sum_{m_v+1}^{l=1}\alpha_l \boldsymbol{W}_v^{(l)^{\mathrm{T}}}\boldsymbol{W}_v^{(l)} - \boldsymbol{I}_F^2 + \sum_{m_t+1}^{l=1}\beta_l \boldsymbol{W}_t^{(l)^{\mathrm{T}}}\boldsymbol{W}_t^{(l)} - \boldsymbol{I}_F^2$$

$$(4-74)$$

由此，哈希码不再有一个严格的正交约束，但是最终生成的哈希码满足正交条件。

Zhen 等人提出了基于协同正则化推进学习框架的多模态哈希学习方法，称为协同正则化哈希（Co-Regularized Hashing，CRH）[86]。其中，哈希码中的每个比特位对应的哈希函数都通过凸函数微分得到。通过学习一个比特位置的哈希函数，CRH 可以推理得到更多位置的哈希函数，以此来减少位之间的偏置。

其目标函数的定义为

$$O = \frac{1}{I}\sum_I^{i=1}l_i^x + \frac{1}{J}\sum_J^{j=1}l_j^y + \gamma\sum_N^{n=1}\omega_n l_n^* + \frac{\lambda_x}{2}w_x^2 + \frac{\lambda_y}{2}w_y^2 \qquad (4-75)$$

l_i^x 和 l_i^y 分别是 X 和 Y 模态的模态内损失，其定义为：

$$l_i^x = [1 - |\boldsymbol{w}_x^{\mathrm{T}}\boldsymbol{x}_i|]_+, \qquad l_j^y = [1 - |\boldsymbol{w}_y^{\mathrm{T}}\boldsymbol{y}_j|]_+ \qquad (4-76)$$

其中 $[\ ]_+$ 是激活函数 ReLU。可以发现，模态内损失的形式和支持向量机中的铰链损失（Hinge Loss）十分相似，但却有着不同的含义。我们希望映射的值不为 0，这样哈希函数可以得到较强的泛化能力。而对于模态间损失，本文添加了一个权重 $\sum_N^{n=1}l_n^* = 1$ 来归一化损失，定义为

$$l_n^* = s_n d_n^2 + (1-s_n)\tau(d_n) \qquad (4-77)$$

其中 $d_n = \boldsymbol{w}_x^{\mathrm{T}}\boldsymbol{x}_{a_n} - \boldsymbol{w}_y^{\mathrm{T}}\boldsymbol{y}_{b_n}$，$\tau(d)$ 为光滑剪枝反平方偏差（SCISD）。定义的损失函数应需要相似的模态间数据点，如 $s_n = 1$，有较小的距离，而不同的模态间数据点有较远的距离。

尽管在目标函数中的 w_x 和 w_y 是非凸函数，但仍可以通过另一种方式进行优化。以 w_x 为例，将无关项移除，得到目标函数

$$\frac{1}{I}\sum_I^{i=1}l_i^x + \frac{\lambda_x}{2}w_x^2 + \gamma\sum_N^{n=1}\omega_n l_n^* \qquad (4-78)$$

其中，

$$l_i^x = \begin{cases} 0, & |\boldsymbol{w}_x^{\mathrm{T}}\boldsymbol{x}_i| \geqslant 1 \\ 1 - \boldsymbol{w}_x^{\mathrm{T}}\boldsymbol{x}_i, & 0 \leqslant \boldsymbol{w}_x^{\mathrm{T}}\boldsymbol{x}_i < 1 \\ 1 + \boldsymbol{w}_x^{\mathrm{T}}\boldsymbol{x}_i, & -1 < \boldsymbol{w}_x^{\mathrm{T}}\boldsymbol{x}_i < 0 \end{cases} \tag{4-79}$$

由此得到了一个可以用两个凸函数的微分来表示的目标函数。因此，可以使用凹凸过程（Concave-Convex Procedure，CCCP）在每次迭代中最小化凸函数的上限来解决非凸优化问题。

2. 基于对偶学习的哈希快速检索方法

与无监督学习相比，基于对偶学习的哈希快速检索方法需要两个模态间的成对数据以训练网络，但相应的准确度也更高。Bronstein 等人提出的跨模态相似度敏感哈希[87]（Cross-Modal Similarity Sensitive Hashing，CMSSH）方法是我们已知的最早的基于对偶学习的跨模态哈希方法。CMSSH 通过自适应推进学习算法来得到一个两模态的哈希函数。具体来说，给定两个模态的数据集，CMSSH 即可学习两组哈希函数来确定每对数据点是否相关。

假使 $X \subseteq \mathbf{R}^m$ 是空间中的数据点，使 $s: X \times X \rightarrow \{\pm 1\}$ 为两个数据间的二值相似度，即当相似度为 1 时，两者为正样本，反之亦然，这也是单模态哈希处理数据的普遍方法。当数据点分布在不同的向量空间中，比如两个不同模态 $X \subseteq \mathbf{R}^m$ 和 $Y \subseteq \mathbf{R}^{m'}$，对于未知数据点，跨模态相似度函数就变成了 $s: X \times Y \rightarrow \{\pm 1\}$。对于这个问题，本文首先将两组数据映射到同一个向量空间中，即建立两个映射：$\xi: X \rightarrow \mathbf{H}^n$ 和 $\eta: Y \rightarrow \mathbf{H}^n$。那么，根据贪婪算法，将映射后的数据相等时作为正样本，不相等时作为负样本，得出如下哈希函数：

$$\begin{aligned} h_i(x, y) &= \begin{cases} +1, & \xi_i(x) = \eta_i(y) \\ -1, & \xi_i(x) \neq \eta_i(y) \end{cases} \\ &= (2\xi_i(x) - 1)(2\eta_i(y) - 1) \end{aligned} \tag{4-80}$$

根据如上的哈希函数，该算法输入 K 对 X、Y 模态的数据 (x_k, y_k) 和其对应的标签 $s_k = s(x_k, y_k)$，输入关键字 k 并初始化权重 $w_1(k) = 1/K$，对于 n 个循环，选择合适的 ζ_i 和 η_i 以使权重相关系数 r_i 取最大：

$$r_i = \sum_{K}^{k=1} w_i(k) s_k h_i(x_k, y_k) \tag{4-81}$$

由此得到反向传播参数 a_i，并使用该参数更新权重：

$$\alpha_i = \frac{1}{2}\log(1 + r_i) - \frac{1}{2}\log(1 - r_i) \tag{4-82}$$

$$w_{i+1}(k) = w_i(k)\mathrm{e}^{-\alpha_i s_k h_i(x_k, y_k)} \tag{4-83}$$

最终对权重进行归一化，使得其和为 1。由此可见，该算法遵循标准自适应推进算法（AdaBoost）流程，其中包含两步：首先通过最大化权重相关系数得到弱分类器的结果，然后通过选择合适的 a_i 使得指数损失最小。这样，就把一个跨模态检索问题简化为了一个最优化问题，通过学习解该最优化问题，就可以训练得到一个跨模态检索模型。

3. 基于哈希的有监督学习快速检索方法

大多数跨模态哈希对每个模态学习不同的哈希码，并把它们映射到一个共同的低维度汉明空间中，而共同的嵌入空间并没有语义判别能力，显著降低了哈希方法的索引能力。针对这个问题，Yu 等人提出了基于耦合判别性字典哈希（Discriminant Coupled Dictionary

Hashing，DCDH)[88]。该方法使包含了分类信息的不同模态数据共同训练，以得到耦合判别性字典。其中判别性指同一类的数据将拥有相似的稀疏分布，而耦合指映射后的数据会同时保留模态内和模态间相关系数。

DCDH 主要包含两步：

（1）耦合判别性字典学习：多模态数据的聚类可以通过模态间的相关系数、模态内的相似度以及有监督的其他信息（如类别标签等）得到的次模函数学习得到。如给定一个集群，把它的质心作为它对应字典的一个字典原子（Dictionary Atom）。这就是说，同一个集群内，一个模态内的字典原子与另一个模态内的字典原子相耦合。

（2）联合哈希函数学习：基于学习到的耦合字典，不同模态的数据点可以表示为在一个联合字典空间内的稀疏编码。之后，根据其稀疏性，哈希函数可以被高效地学习到。

比起单模态哈希，跨模态哈希对哈希函数的学习和哈希码的生成提出了新的要求。而直到 2015 年，Yang 等人提出语义保留哈希（Semantic Preserving Hashing，SePH)[89]方法后，跨模态哈希方法才逐渐受到大家的关注。SePH 直接采用类标签信息来进行深度度量学习，具体来说就是在高斯分布基础上构建三次约束损失（Cubic Constraint Loss），该损失可以保持语义比变化而且可以对不同标签的重叠部分进行惩罚；此外，为了解决深度哈希中的离散化优化问题，SePH 采用了两阶段优化策略来进行训练。当训练样本受限制时，该算法性能表现非常优秀。

Yang 等人的研究成果有两个主要贡献，一是提出了 SePH，可以首先将训练数据的语义相似度转换到概率分布 P 中，然后通过减小 KL 散度来预测分类结果；二是提出了一种全新的哈希码构建方法，可以把不同模态的数据统一到同一个哈希码中。

那么，SePH 是如何将不同模态提取出的特征统一到同一个哈希码中的呢？

图 4.39 展示了 SePH 的网络结构及产生统一哈希码的方式。构造哈希函数后，就可以通过哈希函数生成哈希码来预测分类结果。假设有一个包含了 n 个数据的训练集 $O=\{o_1，o_2，\cdots，o_n\}$，每个数据 o_i 都拥有两个模态：X 模态和 Y 模态。经过特征提取模块，就可以获得两个不同模态的特征矩阵 $\boldsymbol{X}_{n \times d_x}$ 和 $\boldsymbol{Y}_{n \times d_y}$。

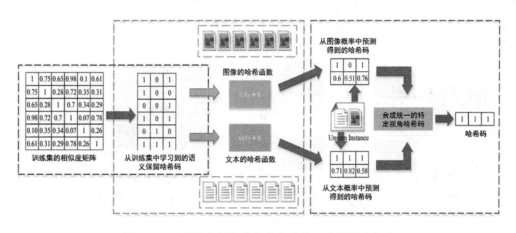

图 4.39　SePH 的网络结构及产生统一哈希码的方式

同时，假设训练集相似度矩阵 $\boldsymbol{A}_{n \times n}$ 也已经给出（通过标签间的欧氏距离获得），其中 $\boldsymbol{A}_{i,j} \in [0，1]$ 表示训练集中第 i 个数据和第 j 个数据的相似度。

有了相似度矩阵之后，在满足概率和相似度成正比，即映射到概率空间 P 后，原先的几何关系不变的条件下，构造一个概率空间 P，其中

$$P_{i,j} = \frac{A_{i,j}}{\sum_{i \neq j} A_{i,j}} \qquad (4-84)$$

通过该方法计算概率，保证了整个概率空间的概率的归一化，即 $\sum_{i \neq j} P_{i,j} = 1$。同时，为了得到关于哈希码的汉明距离的概率空间 Q，SePH 使用了 t-SNE 降维算法：

$$Q_{i,j} = \frac{(1+h(H_i, H_j))^{-1}}{\sum_{k \neq m}(1+h(H_k, H_m))^{-1}} \qquad (4-85)$$

其中，h 表示哈希码之间的汉明距离，而由于哈希码中每个比特位的值只能为 1 或 -1，因此两者间的汉明距离也可由欧氏距离转化得到。

而后，SePH 的目标是学习到一个可以将相似度概率空间 P 和哈希码的汉明距离概率空间 Q 尽可能相匹配，且能够保留 P 中语义结构信息的哈希函数族。这里用 KL 散度来表达两者的差异，公式如下：

$$D_{\mathrm{KL}}(P \| Q) = \sum_{i \neq j} p_{i,j} \log \frac{p_{i,j}}{q_{i,j}} \qquad (4-86)$$

于是，P 和 Q 的匹配问题就转化为了最小化 P 和 Q 之间的 KL 散度问题，因此，把 KL 散度作为目标函数，就能够学习到使得 P 和 Q 匹配的哈希函数。

随着机器学习的快速发展，计算机视觉方面的很多方法都出现了明显的精度提升。DCMH[90] 首次将特征提取和哈希码的生成统一为一个端到端的学习过程，图像特征使用类似 AlexNet 的网络进行提取，文本特征使用 BOW(Bag of Words，词袋)和全连接层进行提取，并各自量化后生成独立的哈希码。网络通过不断优化损失函数，从而最小化同一数据的模态间差距，最终取得了较优的实验结果。

图 4.40 所示为 DCMH 的网络结构和生成最后哈希码的方法示意图。研究者利用一个两路的深度模型将两种不同模态的数据变换到一个公共空间，并要求相似的样本在这个公共空间中相互靠近。通过同时对图像和图像、图像和文本、文本和文本这几种不同类型的样本对施加这个约束，可以保证两种模态样本的对齐。如此一来，即可实现在公共空间中的跨模态检索。

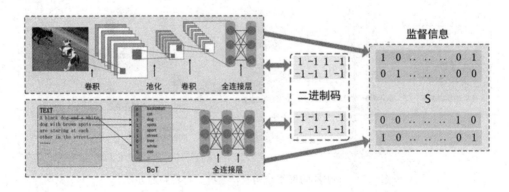

图 4.40　DCMH 的网络结构和生成最后哈希码的方法示意图

根据上述内容,首先对问题进行定义:

训练集有 n 个样本,每个样本具有两种特征形式:图像+文本。

图像模态:$X = \{x_i\}_{i=1}^n$,x_i 可能是特征或原始像素。

文本模态:$Y = \{y_i\}_{i=1}^n$,y_i 是关于 x_i 相关的标签信息。

跨模态相似度矩阵 $\boldsymbol{S}$,$S_{ij} = 1$ 表示 x_i 和 y_i 是相似的。

该方法的目的是学习到两个散列函数,其距离与 x_i 和 y_i 的相似度相关。那么,根据其相似度的似然函数,则有

$$p(S_{ij} \mid \boldsymbol{F}_{*i}, \boldsymbol{G}_{*j}) = \begin{cases} \sigma(\Theta_{ij}), & S_{ij} = 1 \\ 1 - \sigma(\Theta_{ij}), & S_{ij} = 0 \end{cases} \tag{4-87}$$

取对数后,则得到关于文本特征和图像特征相似度的损失函数:

$$J = -\sum_{i,j=1}^n (S_{ij}\Theta_{ij} - \log(1 + e^{\Theta_{ij}})) \tag{4-88}$$

这样,就能促使同一数据的模态间特征生成的二进制码尽可能相同。同样,对于模态内损失,同样使用哈希码对其进行约束:

$$L = \gamma(\boldsymbol{B}^{(x)} - \boldsymbol{F}_F^2 + \boldsymbol{B}^{(y)} - \boldsymbol{G}_F^2) \tag{4-89}$$

其中,$\boldsymbol{B}$ 为离散生成的二进制编码,即 $\boldsymbol{B}^{(x)} = \mathrm{sign}(\boldsymbol{F})$ 和 $\boldsymbol{B}^{(y)} = \mathrm{sign}(\boldsymbol{G})$,而 $\boldsymbol{F}$ 和 $\boldsymbol{G}$ 是直接由图像和文本各自的网络输出的编码。这样就能保证其模态内的稳定性。

$$L = \eta(\|\boldsymbol{F}_1\|_F^2 + \|\boldsymbol{G}_1\|_F^2) \tag{4-90}$$

最后,对哈希码本身进行约束,使得哈希码中 1 和 -1 的数量尽量保持一致,即使数据点在汉明空间内分配得更加均匀,这样有利于提高汉明空间的查找速度,提升查找的精确度。把这些所有损失函数加到一起,就得到了一个同一的损失函数。

4.3.3 基于主题模型的检索方法

主题模型(Topic Model)的检索方法是以监督学习或非监督学习的方式对数据的隐含语义结构(Latent Semantic Structure)进行聚类的统计模型方法,常用于文本挖掘、推荐系统等领域,也可用于特定的跨模态问题,如在图像注释领域,基于潜在狄利克雷分配的主题模型法已经成为首选方法。

这里首先介绍基础的主题模型法,即只基于文本一个模态的主题模型法。假设给定若干个文本,要求判断文本的相关程度。最简单的方法自然是看相同词语出现的频率,即词频-逆向文件频率(Term Frequency-Inverse Document Frequency)法,然而其简单结构并没有考虑词语的隐含语义结构,无法处理一词多义和一义多词的情况。例如,介绍乔布斯和苹果手机售价的两篇文章虽然主题相同,但词语出现的频率和分布可能相差极大,而从内容角度讲,只要两篇文章的主题相关,这两篇文章就应该是相关的。

以文档为例,主题模型认为在词(Word)与文档(Document)之间没有直接的联系,它们应当还有一个维度将它们串联起来,主题模型将这个维度称为主题(Topic)。因此文档都应该对应着一个或多个的主题,而每个主题都会有对应的词分布,通过主题得到每个文档的词分布。依据这一原理,就可以得到主题模型的一个核心公式:

$$p(\boldsymbol{w}_i \mid \boldsymbol{d}_j) = \sum_K^{k=1} p(\boldsymbol{w}_i \mid \boldsymbol{t}_k) \times p(\boldsymbol{t}_k \mid \boldsymbol{d}_j) \tag{4-91}$$

即一篇文章中的每个词都是通过"以一定概率选择了某个主题,并从这个主题中以一定概率选择某个词语"这样的一个过程得到的。在一个已知的数据集中,每个词和文档对应的 $p(w_i \mid d_j)$ 都是已知的。图 4.41 所示为概率公式的矩阵表示。

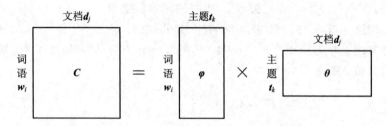

图 4.41 概率公式的矩阵表示

而主题模型就是根据这个已知的信息,通过计算 $p(w_i \mid t_k)$ 和 $p(t_k \mid d_j)$ 的值,从而得到主题的词分布和文档的主题分布信息。而要得到这个分布信息,现在常用的方法就是概率隐含语义分析(Probabilistic Semantic Analysis,pLSA)[91] 和隐含狄利克雷分布(Latent Dirichlet Allocation,LDA)[92]。其中 PLSA 主要采用奇异值分解的方法进行暴力破解,而 LDA 则通过贝叶斯学派的方法对分布信息进行拟合。

同样,对于图像信息,LDA 算法从图像特征中提取出特定的视觉单词,再从视觉单词中提取出图像主题,从而对图像数据进行图像注释。

对于如何生成 M 份包含 N 个单词的文档,LDA 这篇文章介绍了三个方法:

1)一元语言模型(Unigram Model)

一元语言模型是最简单的文本模型,认为一篇文档的生成过程是从一个词袋(Bag of Words,BOW)中不断取词的过程。图 4.42 为一元语言模型的图模型。

这个模型中唯一需要确定的是每个词在文中出现的概率,因为每个词的出现是独立事件,因此一篇包含 N 个词的文档的生成概率为

$$p(w) = p(w_1, w_2, \cdots, w_N) = \prod_{N}^{n=1} p(w_n) \qquad (4-92)$$

其中,N 表示要生成的文档的单词的个数,w_n 表示生成的第 n 个单词 w,$p(w)$ 表示单词 w 的分布,可以通过语料进行统计学习得到,比如给一本书,统计各个单词在书中出现的概率。

这种方法通过训练语料获得一个单词的概率分布函数,然后根据这个概率分布函数每次生成一个单词,使用这个方法 M 次生成 M 个文档。

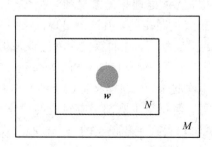

图 4.42 一元语言模型的图模型

2）混合一元语言模型（Mixture of Unigram Model）

图 4.43 所示为混合一元语言模型的图模型。一元语言模型的缺点是由于没有指定主题，导致生成的文本没有统一的主旨，过于简单，而混合一元语言模型方法对其进行了改进：

$$p(W) = p(z_1) \prod_N^{n=1} p(w_n \mid z_1) + \cdots + p(z_k) \prod_N^{n=1} p(w_n \mid z_k) = \sum_z p(z) \prod_N^{n=1} p(w_n \mid z)$$

$$(4-93)$$

其中，z 表示一个主题，$p(z)$ 表示主题的概率分布，z 通过 $p(z)$ 按概率产生；N 和 w_n 同上；$W \sim P(w \mid z)$ 表示给定 z 时 w 的分布，可以看成一个 $k \times V$ 的矩阵，k 为主题的个数，V 为单词的个数，每行表示这个主题对应的单词的概率分布，即主题 z 所包含的各个单词的概率，通过这个概率分布按一定概率生成每个单词。

这种方法首先选定一个主题 z，主题 z 对应一个单词的概率分布 $W \sim P(w|z)$，每次按这个分布生成一个单词，循环 N 次生成一个包含 N 个单词的文档，使用 M 次这个方法生成 M 份不同的文档。

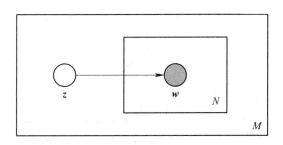

图 4.43　混合一元语言模型的图模型

从图中可以看出，z 在 w 所在的长方形外面，表示 z 生成一份 N 个单词的文档时主题 z 只生成一次，即只允许一个文档只有一个主题，这不太符合常规情况，因为通常一个文档可能包含多个主题。

3）潜在狄利克雷分布（Latent Dirichlet Allocation，LDA）

图 4.44 所示为 LDA 的图模型。由该图模型可以看出，LDA 方法使生成的文档可以包含多个主题。该模型使用下面的方法来生成一个文档。

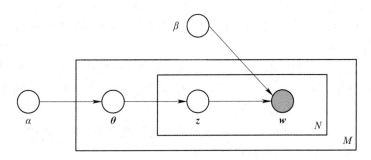

图 4.44　LDA 的图模型

（1）从参数为 α 的狄利克雷分布中随机采样一个主题比例分布 $P(\theta)$；

（2）从主题分布 $P(\theta)$ 中随机采样，得到文档中一个词的潜在主题 $Z \sim P(z|\theta)$，并根据

指派主题中的词频分布 $W \sim P(w|z)$ 随机采样，生成一个词。

步骤(2)重复 N 次后，就可以在文档中生成 N 个词。其中 θ 是主题比例，向量的列表示主题在文档出现的概率；$P(\theta)$ 是 θ 的分布，具体为狄利克雷分布；Z 表示选择的主题，$P(z|\theta)$ 表示给定 θ 时主题 z 的概率分布，具体为 θ 的值，$P(w|z)$ 表示给定主题 z 时词 w 的概率分布。

这种方法首先选定一个主题分布向量 $\boldsymbol{\theta}$，确定每个主题被选择的概率。然后在生成每个单词的时候，从主题分布向量 $\boldsymbol{\theta}$ 中选择一个主题 z，按主题 z 的单词概率分布生成一个单词。

由此可知 LDA 的联合概率为：

$$p(\boldsymbol{\theta}, z, w \mid \alpha, \beta) = p(\boldsymbol{\theta} \mid \alpha) \prod_{N}^{n=1} p(z_n \mid \boldsymbol{\theta}) p(w_n \mid z_n, \beta) \tag{4-94}$$

将公式(4-94)对应到图 4.44 上，可以表示为 LDA 图模型中各个表示层生成的文档概率，如图 4.45 所示。

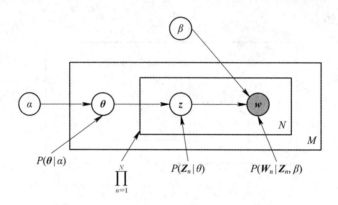

图 4.45 LDA 图模型中各个表示层生成的文档概率

LDA 有三个表示层：

(1)语料级别。α 和 β 表示语料级别的参数，也就是每个文档都一样，因此生成过程只采样一次。

(2)文档级别。$\boldsymbol{\theta}$ 是文档级别的变量，每个文档对应一个 $\boldsymbol{\theta}$，也就是每个文档产生各个主题 z 的概率是不同的，所有生成每个文档采样一次 $\boldsymbol{\theta}$。

(3)单词级别。z 和 w 都是单词级别变量，z 由 θ 生成，w 由 z 和 β 共同生成，一个单词 w 对应一个主题 z。

通过上面对 LDA 生成模型的讨论，可以知道 LDA 模型主要是从给定的输入语料中学习训练两个控制参数 α 和 β，学习出了这两个控制参数就确定了模型，便可以用来生成文档。其中 α 和 β 分别对应以下各个信息：

α：分布 $P(\boldsymbol{\theta})$ 需要一个向量参数，即狄利克雷分布的参数，用于生成一个主题 θ 向量；

β：各个主题对应的单词概率分布矩阵 $\boldsymbol{P}(w|z)$。

将 w 作为观察变量，$\boldsymbol{\theta}$ 和 z 作为隐藏变量，可以通过最大期望算法（Expectation Maximization，EM）学习出 α 和 β，求解过程中遇到后验概率 $P(\boldsymbol{\theta}, z|w)$ 无法直接求解，需要找一个似然函数下界来近似求解，LDA 的原作者在这里使用了 EM 算法进行计算。EM

算法分为两步,第一步为 E-step,即根据隐藏变量的期望值来计算其最大似然函数;第二步为 M-step,即最大化第一步中得到的似然函数。在 LDA 中,即为 E-step 输入 α 和 β,计算似然函数,M-step 最大化这个似然函数,算出 α 和 β,不断迭代直到收敛。LDA 作为主题模型法的重要框架之一,被广泛应用于无监督和有监督的图像标注任务中。下面将分别介绍基于主题模型的无监督图像标注方法和有监督图像标注方法。

1. 基于主题模型的无监督图像标注方法

主题模型法在特定的跨模态问题即图像标注工作中被广泛使用。为了捕捉图像和其文本标注间的相关系数,LDA 在主题模型法中被推广开来,并产生了如 Corr-LDA[93]、Tr-mm LDA[94] 等方法。Corr-LDA 将主题作为图像和文本间共享的隐含特征,并以此获得图像和文本间的隐含相关系数。Tr-mm LDA 对于不同的模态,学习不同的主题和一个统一的回归模型以捕捉模态间的联系。Jia 等人提出的新的概率模型多模态文档随机场(Multi-modal Document Random Field,MDRF)从不同模态中学习共同的主题。MDRF 中使用的马卡可夫随机场只考虑子空间中相邻的主题特征,从而减小了计算复杂性,也使得MDRF 在提取文档相似度时更加灵活。

图 4.46 所示为 Corr-LDA 的概率图模型。Corr-LDA 比起传统的 LDA 新增了一个模态,其数据量为 M。Corr-LDA 首次把 LDA 和图像注释工作结合起来,通过联系图像和其对应的文本的条件关系和联合作用,实现了多模态的检索,成为了图像注释工作中的经典模型。

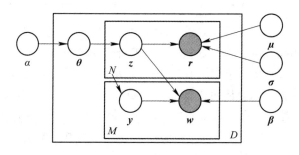

图 4.46 Corr-LDA 的概率图模型

图 4.47 为 Corr-LDA 模型的训练过程[5]。该模型的文档生成部分分为两个阶段:图像词汇抽取阶段和文本词汇抽取阶段。在图像词汇抽取阶段,模型以参数为 α 的狄利克雷分

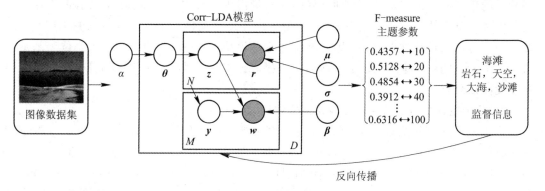

图 4.47 Corr-LDA 模型的训练过程

布中抽取出一个潜在的主题比例θ，并按照这个比例抽取出一个主题标号z，按照其对应的主题编号，抽取出一个图像词汇，最终重复M次，生成一幅图像。在文本词汇抽取阶段，与LDA相似，选择一个主题生成标注词，并重复N遍，最终生成图像的标注词。

  传统的主题模型能够通过用逻辑正态分布代替先验的狄利克雷分布来捕捉潜在主题之间的相关结构。词嵌入已经被证明能够捕捉语义规律，因此语义相关性和词之间的联系可以直接在词向量空间中计算（例如余弦值）得到。Word Embbedding Corr-LDA[95]中提出了一个新的使用词嵌入的主题模型。图4.48所示为基于词嵌入的相关性主题的概率图模型，该模型能够利用词嵌入中包含的字级别的关联信息，并在连续的字嵌入空间中对主题相关性进行建模。在模型中，文档中的单词被替换为有意义的词嵌入，主题在词嵌入上被建模为多元高斯分布，并在连续的高斯主题中学习主题相关性。

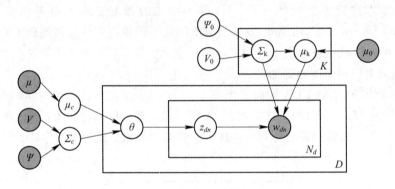

图4.48　基于词嵌入的相关性主题的概率图模型

  Word Embbedding Corr-LDA通过语义规律来学习词嵌入，并进行话题发现。不同于传统的one-hot表示，即N个单词用N位向量表示的形式，该方法采用的分布式表示将单词的各个字母作为特征嵌入，从而在将每个单词编码为唯一实数向量的同时，减少了向量的位数。通过将词映射到这个向量空间中，词嵌入能够克服one-hot表示的一些缺点，例如维数灾难、语义缺乏等。在词向量（word2vec）的学习过程中，具有相似含义的单词在向量空间中逐渐向附近区域聚合。在Word Embbedding Corr-LDA中，向量形式的词被用作softmax分类器的输入，基于特定上下文窗口词预测目标词。

  得到词嵌入后，给定一个词W_{dn}，其表示在第d个文档中的第n个词，通过将其替换为相关的单词嵌入来丰富该词。训练好的词向量提供了有用的附加语义，这有助于在向量空间中发现合理的主题和主题相关性。但是，现在每个文档都是连续的单词嵌入序列，而不是一个分离的单词类型序列，因此传统的主题模型不再适用。由于词嵌入是位于基于语义和句法的空间中，即是从多个高斯分布中提取出来的，因此每个主题都符合向量空间中的多元高斯分布。

  2. 基于主题模型的有监督图像标注方法

  为了完成图像分类图像标注任务，基于文档神经自回归分布估计器（Document Neural Autoregressive Distribution Estimation，DocNADE）模型，Zheng等人提出了有监督文档神经自回归分布估计器（Supervised Document Neural Autoregressive Distribution Estimation，SupDocNADE）模型[96]，通过结合类标签信息从隐含层中学习特征以判别结果。

图 4.49 所示为 SupDocNADE 模型的概率图模型。由图可见，给定图像的视觉单词向量 $\boldsymbol{v}=[v_1, v_2, \cdots, v_{D_v}]$ 和标签 $y\in\{1, \cdots, C\}$，则该模型的联合概率密度分布可以表示为

$$p(\boldsymbol{v}) = p(y \mid \boldsymbol{v})\prod_{D}^{i=1} p(v_i \mid \boldsymbol{v}_{<i}) \tag{4-95}$$

其条件概率的计算方法与 DocNADE 模型中的计算方式一样，即 $p(v_i \mid \boldsymbol{v}_{<i})$ 的计算。求出所有条件概率后，模型利用共享权重的神经网络进行求解，每一个 $p(v_i \mid \boldsymbol{v}_{<i})$ 分解为一个二元逻辑回归树来进行计算，从而得到每个叶节点的词。

然后通过最小化负对数似然函数来训练模型：

$$-\log p(\boldsymbol{v}, y) = -\log p(y \mid \boldsymbol{v}) + \sum_{D}^{i=1} -\log p(v_i \mid \boldsymbol{v}_i) \tag{4-96}$$

最后，对生成模型项上加入一个正则化参数：

$$-\log p(\boldsymbol{x}, y) = -\log p(y \mid \boldsymbol{x}) + \lambda\sum_{D}^{i=1} -\log p(\boldsymbol{x}_{o_d} \mid \boldsymbol{x}_{o_{<d}}) \tag{4-97}$$

通过 SupDocNADE 模型求出概率密度分布，并对损失函数进行优化，则完成了该模型的训练过程。

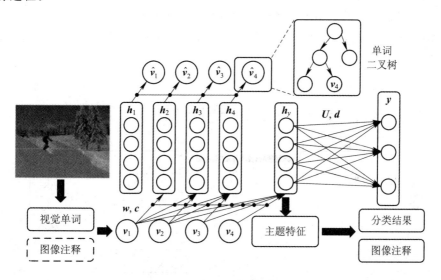

图 4.49　SupDocNADE 模型

那么，SupDocNADE 是如何处理图像信息的呢？实际上，离散信息对理解图像起到了很大的帮助作用。比如，天空总是会出现在图像的上半部分，汽车常常出现在图像的下半部分。遵循这个原则，SupDocNADE 同时考虑视觉单词的出现频率和出现地点。具体来说，假设一张图像被分为几个部分 $R=\{R_1, R_2, \cdots, R_D\}$，其中 D 表示将图像一共分成的块数。那么现在这张图像可以表示为：

$$\boldsymbol{v}^R = [v_1^R, v_2^R, \cdots, v_D^R] = [(\boldsymbol{v}_1, \boldsymbol{r}_1), (\boldsymbol{v}_2, \boldsymbol{r}_2), \cdots, (\boldsymbol{v}_D, \boldsymbol{r}_D)] \tag{4-98}$$

其中 $\boldsymbol{r}_D\in R$ 表示已经提取出视觉单词 v_i 的部分。为了了解这些视觉单词的区域分布，研究者将模型的概率密度分布分解为 $K\times M$ 个可能的视觉单词/区域对，并将每个对都作为一个单词。同时，研究者提到通过图像分区的方法可以提高识别精度，然而这可能会导致二叉树没有足够的叶节点来放置每一个词。

进一步，研究者提出了 Deep-SupDocNADE 模型，即深度监督文档神经自回归密度估计模型。之前 SupDocNADE 会在每次随机梯度更新之前对单词进行随机排列，以使 DocNADE 成为对单词进行任何排序的良好推理模型。可以将 SupDocNADE 中每次词随机排列的使用看作是一个 DocNADE 模型的实例化，即每种不同的排序都对应一个不同的 DocNADE 模型。

具体来说，主要是在隐藏层之间的前向传播上与 SupDocNADE 有较大区别，其中第一个隐藏层的表示为

$$h_d^{(1)}(v_{o<d}) = g\left(c^{(1)} + \sum_{k<d} W_{v_{o_k}}^{(1)}\right) = g\left(c^{(1)} + W_{v_{o_k}}^{(1)} x(v_{o<d})\right) \tag{4-99}$$

其中，$x(v_{o<d})$ 是词序的向量特征，次幂 (1) 表示第一个隐藏层和本层的参数。与 DocNADE 训练的区别是，Deep-SupDocNADE 模型每次只更新需要计算的单个隐藏层，而不是像 DocNADE 一样同时更新多个隐藏层。因此，Deep-SupDocNADE 在更新过程中比起原方法需要的计算量几何倍的减小。而在前向神经网络中的传播公式为

$$h^{(n)} = g\left(c^{(n)} + W^{(n)} h^{(n-1)}\right) \tag{4-100}$$

其中 $W^{(n)}$ 和 $c^{(n)}$ 分别是隐藏层中的连接系数矩阵和偏执向量。

图 4.50 描述了该模型用于图像标注的过程，在训练过程中，首先输入向量 v 被随机的进行打乱，其打乱后的顺序为 o。然后将整个向量划分为两个部分：$v_{o<d}$ 和 $v_{o\geq d}$。最后利用反向传播进行参数更新。

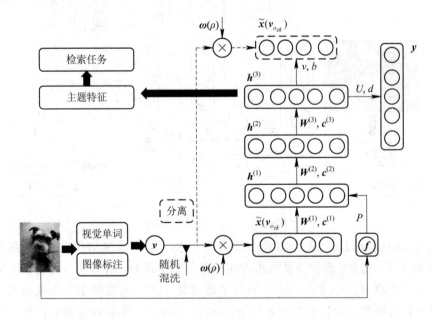

图 4.50　Deep-SupDocNADE 模型用于图像标注的过程

除了 SupDocNADE 模型外，Liao 等人提出的无参贝叶斯上游监督多模态主题模型 (Nonparametric Bayesian Upstream Supervised Multi-modal topic model，NPBUS)[97] 可以更加灵活地学习各个模态主题框架间的相关系数。通过考虑多模态数据共享的上流贝叶斯信息，该模型获得了更强的判别力。另外，该模型也使得自动判别各个模态内的隐含主题数量成为了可能。

Wang 等人提出的有监督的多模态共同主题加强模型 (Supervised Multi-Modal Mutual

Topic Reinforce Modeling，M^3R)[98]方法试图寻找一个跨模态的概率图模型，以通过模型内的参数找到模态共同的语义主题。

上述基于深度学习的主题模型法具有大量的训练样本、超级的计算能力和深度模型的丰富表示能力，故相比于子空间学习法，这种方法能够进一步提升跨模态检索的性能。

4.4 多模态数据检索发展方向

多模态数据是近年来比较热门的一个研究方向，特别是伴随抖音等短视频软件的兴起，海量的多模态数据涌现了出来。当前多模态数据由于其本身结构和特点(语义抽象、类别细化、非结构化)主要面临三大问题：

(1)语义鸿沟：指的是计算机表示系统与人类认知系统对同一个概念形成不同描述的差异。

(2)异构鸿沟：指由于图像、视频等不同媒体的底层数据结构不一致(图像一般是三维的张量，文本数据是个词向量的序列等)导致的一系列问题。

(3)数据缺乏：深度网络的训练往往需要大量的训练样本，这是个经常被诟病的问题。

1. 减缓语义鸿沟问题

在计算机视觉中，若想对给定图像进行特征提取，唯一可以利用的是低等级的像素信息。即使是对形状或者颜色的简单的语言表示(比如圆形和绿色)，也需要完全不同的数学形式化方法并加以适当的方式组合和参数化。到了更复杂的概念，就需要更复杂的形式化方法。这些方法既不直观也不可靠，和人类认知形成的差异，就是语义鸿沟。

近几年大多数论文中提出了利用注意力机制来探索不同类型数据之间的语义关系。堆叠跨注意力网络模型(Stacked Cross Attention Network，SCAN)[101]实现了图像与文本匹配，该论文的目标是在充分利用上下文的情况下，挖掘图像中的具体区域和句中的具体词之间的内在联系，最终实现更好的图文匹配。显著性引导的注意力网络(Saliency-guided Attention Network，SAN)[102]在视觉和语言之间建立不对称链接，以有效地学习细粒度的跨模态关联。Chen 等人提出了一种带有循环注意力记忆的迭代匹配方法(Iterative Matching with Recurrent Attention Memory，IMRAM)[103]，该方法通过多步对齐来捕获图像和文本之间的对应关系，提升了检索性能。

尽管这些方法都能减缓跨模态数据的语义鸿沟，但不能完全消除不同结构数据的特征差异。故仍然需要进行更多的研究工作进而从模态间语义关联、模态共生关联、局部结构相似关联等角度建立模态间多层次、多结构的关联。

2. 抑制异构鸿沟问题

跨模态检索中，由于文字、图像、视频、语音等数据间结构差异较大，不同媒体数据相似度难以直接度量。故如何抑制多模态数据异构鸿沟成为一大难点。跨模态哈希(Cross-Modal Hashing)凭借其低廉的存储成本和查询时间成本，已被广泛应用于跨模态检索应用当中以抑制异构鸿沟。其中，有监督的跨模态哈希方法由于很好地利用了数据的语义标签，提高了检索性能，而受到越来越多研究学者的关注。

监督分层跨模态哈希(Supervised Hierarchical Deep Cross-modal Hashing，SHDCH)[104]方法通过深入研究层次标签来学习哈希编码。特别是标签层次结构每一层的相似性和不同层之间的相关性都植入了哈希码学习中。此外，该方法利用一种迭代优化算法来直接学习离散哈希码，而不用放松二进制约束，既将图像和文本分别用哈希表示，又保持了数据在原始空间中的语义相似关系，有效地抑制了异构图像结构鸿沟，并且提升了检索精度。跨模态图卷积网络哈希（Graph Convolutional Network Hashing，GCH）[24]方法由语义编码器、两个特征编码网络和基于图卷积网络（Graph Convolutional Network，GCN）的融合模块组成。该方法利用 GCN 生成了不同数据点之间的详细关系描述，采用语义编码器指导特征编码过程，并在特征学习的同时保留了语义和结构相似性，有利于生成更具区分性的哈希码，提升了图像-文本检索精度。

尽管哈希编码可以有效地将多模态数据用二进制编码进行表示，但是在转换过程中不可避免地损失了一些重要的判别性信息。因此，如何进行原数据到哈希码的转换以保留相同内容数据间更多的相似性特征，仍然是一个值得继续探索的问题。

3. 解决数据缺乏问题

目前大多数深度学习方法依赖于大量有标注的数据，要想获得更好的性能，就必须拥有更多的有标注数据。在实践中，对大量数据进行标注并使训练收敛到最佳位置，其困难程度丝毫不亚于手工制作一个良好的嵌入空间。对于多模态数据检索更是如此，因为它需要同步标注对齐的多模态数据，例如图像和语音对齐。2018 年，用于自然语言表示建模的 BERT（Bidirectional Encoder Representations from Transformer）技术[105]的出现，为深度学习摆脱对有标注数据的依赖提供了一种新选择。理论上，基于 BERT 技术可以利用无限量的未标注数据作预训练，然后再利用针对特定任务的少量有标注数据进行微调，进而实现对不同任务（如问题解答和语言推理）的优化。此后，类似 BERT 的无监督预训练技术在许多自然语言处理任务中取得了突破性进展。

然而，挑战依然存在。掌握大量匹配的多模态数据仍然是少数大公司的一项特权，不同模态之间的精细对齐问题，以及多模态预训练的有效架构，这些问题依然具有挑战性。例如，我们是否应该对多模态模型进行联合预训练？抑或是应该先对各个模态分别进行预训练，然后再找到映射到同一空间的方法？对于大多数研究机构而言，计算和存储能力是有效开展预训练的主要瓶颈。大多数预训练相关工作是由来自谷歌、微软和 Facebook 等少数行业巨头的研究人员完成的。学术界很难具备预训练所需的计算和存储能力，于是便更注重通过结合更多的模态、有效和高效的网络架构设计以及有效利用人类知识来提高系统性能。也有研究人员开始尝试通过更好的架构和更小的模型实现更快的预训练，从而降低对计算和存储能力的需求。

预训练将是未来 AI 的非常重要的组成部分，但我们需要的不止这些。人类丰富的先验知识需要有效地集成到多模态检索系统中，以减少我们对大数据、模型和计算的依赖。此外，学术界与工业界可以密切合作，充分发挥双方的优势。例如，高校开设了许多学科，因此在跨学科研究方面具有天然优势，而工业界在数据收集和计算资源方面实力雄厚。如果有更多的开源项目，让更多的人能够参与到相关研究中并做出贡献，必将有力推动多模态检索技术快速向前发展。

本 章 小 结

本章主要介绍多模态数据检索的主要研究内容。首先介绍多模态数据检索的背景与意义、国内外现状、常用数据集和性能评判准则。然后，详细地介绍了多模态数据检索的传统方法的原理及实例，包括基于典型相关分析、偏最小二乘法、双线性模型以及传统哈希的检索方法。随后，详尽地介绍了多模态数据检索近几年常用的前沿方法的理论及应用，包括基于深度学习的检索方法、基于哈希的快速检索方法和基于主题模型的检索方法。最后，简要地介绍了多模态数据检索现有的问题、面临的挑战以及未来的发展方向。

本章参考文献

[1] 张磊. 跨媒体语义共享子空间学习理论与方法研究[D/OL]. 北京：北京交通大学，2015. http：/kns. cnki. net/kns/brief/default-result. aspx.

[2] 花妍. 具有语义一致性的跨模态关联学习与信息检索[D/OL]. 北京：北京邮电大学，2015. http：/kns. cnki. net/kns/brief/default-result. aspx.

[3] 金仲明. 基于哈希算法的海量多媒体数据检索研究[D/OL]. 杭州：浙江大学，2015：27 - 107. http：/kns. cnki. net/kns/brief/default-result. aspx.

[4] 冯方向. 基于深度学习的跨模态检索研究[D/OL]. 北京：北京邮电大学，2015. http：/kns. cnki. net/kns/brief/default-result. aspx.

[5] 曹洁，苏哲，李晓旭. 基于 Corr-LDA 模型的图像标注方法[J]. 吉林大学学报（工学版），2018，48 (04)：1237 - 1243. http：/kns. cnki. net/kns/brief/default-result. aspx.

[6] 赵玉鑫. 多媒体感知哈希算法及应用研究[D/OL]. 南京：南京理工大学，2009. http：/kns. cnki. net/kns/brief/default-result. aspx.

[7] ZHANG J, PENG Y, YUAN M. Unsupervised generative adversarial cross-modal hashing[J]. arXiv preprint arXiv：1712. 00358，2017.

[8] CHI J, PENG Y. Dual Adversarial Networks for Zero-shot Cross-media Retrieval[C]//IJCAI. 2018：663 - 669.

[9] YE Z, PENG Y. Multi-scale correlation for sequential cross-modal hashing learning[C]//Proceedings of the 26th ACM international conference on Multimedia. 2018：852 - 860.

[10] HE X, PENG Y, XIE L. A new benchmark and approach for fine-grained cross-media retrieval [C]//Proceedings of the 27th ACM International Conference on Multimedia. 2019：1740 - 1748.

[11] JIANG Q Y, LI W J. Deep cross-modal hashing[C]//Proceedings of the IEEE conference on computer vision and pattern recognition. 2017：3232 - 3240.

[12] JIANG Q Y, LI W J. Discrete latent factor model for cross-modal hashing[J]. IEEE Transactions on Image Processing，2019，28(7)：3490 - 3501.

[13] LIU R, ZHAO Y, WEI S, et al. Modality-invariant image-text embedding for image-sentencematching [J]. ACM Transactions on Multimedia Computing, Communications, and Applications (TOMM)，2019，15(1)：1 - 19.

[14] ZHENG Z, ZHENG L, GARRETT M, et al. Dual-Path Convolutional Image-Text Embeddings with Instance Loss [J]. ACM Transactions on Multimedia Computing, Communications, and Applications (TOMM)，2020，16(2)：1 - 23.

[15] ZHU L, YANG Y. ActBERT：Learning Global-Local Video-Text Representations [C]//Proceedings of the IEEE/CVF Conference on Computer Vision and Pattern Recognition. 2020：8746 - 8755.

[16] LIU H, LIN M, ZHANG S, et al. Dense auto-encoder hashing for robust cross-modality retrieval

[C]//Proceedings of the 26th ACM international conference on Multimedia. 2018: 1589 - 1597.

[17] LIU H, JI R, WU Y, et al. Cross-modality binary code learning via fusion similarity hashing[C]// Proceedings of the IEEE Conference on Computer Vision and Pattern Recognition. 2017: 7380 - 7388.

[18] PENG J, ZHOU Y, CAO L, et al. Towards Cross-modality Topic Modelling via Deep Topical Correlation Analysis[C]//ICASSP 2019 - 2019 IEEE International Conference on Acoustics, Speech and Signal Processing (ICASSP). IEEE, 2019: 4115 - 4119.

[19] LIU L, LIN Z, SHAO L, et al. Sequential discrete hashing for scalable cross-modality similarity retrieval[J]. IEEE Transactions on Image Processing, 2016, 26(1): 107 - 118.

[20] XU X, SHEN F, YANG Y, et al. Learning discriminative binary codes for large-scale cross-modal retrieval[J]. IEEE Transactions on Image Processing, 2017, 26(5): 2494 - 2507.

[21] SHEN X, SHEN F, LIU L, et al. Multiview discrete hashing for scalable multimedia search[J]. ACM Transactions on Intelligent Systems and Technology (TIST), 2018, 9(5): 1 - 21.

[22] YANG E, DENG C, LIU W, et al. Pairwise relationship guided deep hashing for cross-modal retrieval[C]//Thirty-first AAAI conference on artificial intelligence. 2017.

[23] DENG C, CHEN Z, LIU X, et al. Triplet-based deep hashing network for cross-modal retrieval[J]. IEEE Transactions on Image Processing, 2018, 27(8): 3893 - 3903.

[24] XU R, LI C, YAN J, et al. Graph Convolutional Network Hashing for Cross-Modal Retrieval[C]// IJCAI. 2019: 982 - 988.

[25] XIE D, DENG C, LI C, et al. Multi-Task Consistency-Preserving Adversarial Hashing for Cross-Modal Retrieval[J]. IEEE Transactions on Image Processing, 2020, 29: 3626 - 3637.

[26] SHARMA A, KUMAR A, Daume H, et al. Generalized multiview analysis: A discriminative latent space[C]//2012 IEEE Conference on Computer Vision and Pattern Recognition. IEEE, 2012: 2160 - 2167.

[27] RASIWASIA N, COSTA Pereira J, COVIELLO E, et al. A new approach to cross-modal multimedia retrieval[C]//Proceedings of the 18th ACM international conference on Multimedia. 2010: 251 - 260.

[28] CHUA T S, TANG J, HONG R, et al. NUS-WIDE: a real-world web image database from National University of Singapore[C]//Proceedings of the ACM international conference on image and video retrieval. 2009: 1 - 9.

[29] KRAPAC J, ALLAN M, VERBEEK J, et al. Improving web image search results using query-relative classifiers[C]//2010 IEEE Computer Society Conference on Computer Vision and Pattern Recognition. IEEE, 2010: 1094 - 1101.

[30] YOUNG P, LAI A, HODOSH M, et al. From image descriptions to visual denotations: New similarity metrics for semantic inference over event descriptions[J]. Transactions of the Association for Computational Linguistics, 2014, 2: 67 - 78.

[31] HODOSH M, YOUNG P, HOCKENMAIER J. Framing image description as a ranking task: Data, models and evaluation metrics[J]. Journal of Artificial Intelligence Research, 2013, 47: 853 - 899.

[32] PENG Y, ZHAI X, ZHAO Y, et al. Semi-supervised cross-media feature learning with unified patch graph regularization[J]. IEEE transactions on circuits and systems for video technology, 2015, 26(3): 583 - 596.

[33] HUA X S, YANG L, WANG J, et al. Clickage: Towards bridging semantic and intent gaps via mining click logs of search engines[C]//Proceedings of the 21st ACM international conference on

Multimedia. 2013: 243 – 252.

[34] NGUYEN D T, HONG H G, KIM K W, et al. Person recognition system based on a combination of body images from visible light and thermal cameras[J]. Sensors, 2017, 17(3): 605.

[35] WANG X, TANG X. Face photo-sketch synthesis and recognition[J]. IEEE transactions on pattern analysis and machine intelligence, 2008, 31(11): 1955 – 1967.

[36] TANG X, WANG X. Face photo recognition using sketch [C]//Proceedings. International Conference on Image Processing. IEEE, 2002, 1: I – I.

[37] MARTINEZ A M. The AR face database[J]. CVC Technical Report24, 1998.

[38] MESSER K, MATAS J, KITTLER J, et al. XM2VTSDB: The extended M2VTS database[C]// Second international conference on audio and video-based biometric person authentication. 1999, 964: 965 – 966.

[39] HOTELLING H. Relations between two sets of variates [M]//Breakthroughs in statistics. Springer, New York, NY, 1992: 162 – 190.

[40] RAMSAY J O. Functional data analysis[J]. Encyclopedia of Statistical Sciences, 2004, 4.

[41] LAUB A J. Matrix analysis for scientists and engineers[M]. Siam, 2005.

[42] LAI P L, FYFE C. Kernel and nonlinear canonical correlation analysis[J]. International Journal ofNeural Systems, 2000, 10(05): 365 – 377.

[43] BLASCHKO M B, LAMPERT C H. Correlational spectral clustering[C]//2008 IEEE Conference on Computer Vision and Pattern Recognition. IEEE, 2008: 1 – 8.

[44] HARDOON D R, SZEDMAK S, SHAWE-TAYLOR J. Canonical correlation analysis: An overview with application to learning methods[J]. Neural computation, 2004, 16(12): 2639 – 2664.

[45] ANDREW G, ARORA R, BILMES J, et al. Deep canonical correlation analysis[C]//International conference on machine learning. PMLR, 2013: 1247 – 1255.

[46] RASIWASIA N, MAHAJAN D, MAHADEVAN V, et al. Cluster canonical correlation analysis [C]//Artificial intelligence and statistics. 2014: 823 – 831.

[47] GONG Y, KE Q, ISARD M, et al. A multi-view embedding space for modeling internet images, tags, and their semantics[J]. International journal of computer vision, 2014, 106(2): 210 – 233.

[48] BACH F R, JORDAN M I. A probabilistic interpretation of canonical correlation analysis[J]. 2005.

[49] PEREIRA J C, COVIELLO E, DOYLE G, et al. On the role of correlation and abstraction in cross-modal multimedia retrieval [J]. IEEE transactions on pattern analysis and machine intelligence, 2013, 36(3): 521 – 535.

[50] UDUPA R, KHAPRA M M. Improving the multilingual user experience of wikipedia using cross-language name search[C]//Human language technologies: the 2010 annual conference of the North American chapter of the association for computational linguistics. 2010: 492 – 500.

[51] LI A, SHAN S, CHEN X, et al. Face recognition based on non-corresponding region matching [C]//2011 International Conference on Computer Vision. IEEE, 2011: 1060 – 1067.

[52] SHARMA A, JACOBS D W. Bypassing synthesis: PLS for face recognition with pose, low-resolution and sketch[C]//CVPR 2011. IEEE, 2011: 593 – 600.

[53] ROSIPAL R, KRÄMER N. Overview and recent advances in partial least squares[C]//International Statistical and Optimization Perspectives Workshop" Subspace, Latent Structure and Feature Selection". Springer, Berlin, Heidelberg, 2005: 34 – 51.

[54] CHEN Y, WANG L, WANG W, et al. Continuum regression for cross-modal multimedia retrieval [C]//2012 19th IEEE International Conference on Image Processing. IEEE, 2012: 1949 – 1952.

[55] TENENBAUM J B, FREEMAN W T. Separating style and content with bilinear models[J]. Neural computation, 2000, 12(6): 1247 – 1283.

[56] LI D, DIMITROVA N, LI M, et al. Multimedia content processing through cross-modal association [C]//Proceedings of the eleventh ACM international conference on Multimedia. 2003: 604 – 611.

[57] HERSHEY J, MOVELLAN J. Audio vision: Using audio-visual synchrony to locate sounds[J]. Advances in neural information processing systems, 1999, 12: 813 – 819.

[58] MAHADEVAN V, WONG C, PEREIRA J, et al. Maximum covariance unfolding: Manifold learning for bimodal data[J]. Advances in Neural Information Processing Systems, 2011, 24: 918 – 926.

[59] SHI X, YU P. Dimensionality reduction on heterogeneous feature space[C]//2012 IEEE 12th International Conference on Data Mining. IEEE, 2012: 635 – 644.

[60] ZHU F, SHAO L, YU M. Cross-modality submodular dictionary learning for information retrieval [C]//Proceedings of the 23rd ACM International Conference on Conference on Information and Knowledge Management. 2014: 1479 – 1488.

[61] WANG X, LIU Y, WANG D, et al. Cross-media topic mining onwikipedia[C]//Proceedings of the 21st ACM international conference on Multimedia. 2013: 689 – 692.

[62] NGIAM J, KHOSAL A, KIM M, et al. Multimodal deep learning[C]// International Conference on Machine Learning. 2011: 689 – 696.

[63] VINCENT P, LAROCHELLE H, BENGIO Y, et al. Extracting and composing robust features with denoising autoencoders[C]//Proceedings of the 25th international conference on Machine learning. 2008: 1096 – 1103.

[64] FENG F, WANG X, LI R. Cross-modal retrieval with correspondence autoencoder[C]// Proceedings of the 22nd ACM international conference on Multimedia. 2014: 7 – 16.

[65] WELLING M, ROSEN-ZVI M, HINTON G E. Exponential family harmoniums with an application to information retrieval[J]. Advances in neural information processing systems, 2004, 17: 1481 – 1488.

[66] HINTON G E, SALAKHUTDINOV R R. Replicated softmax: an undirected topic model[C]// Advances in neural information processing systems. 2009: 1607 – 1614.

[67] XU R, XIONG C, CHEN W, et al. Jointly Modeling Deep Video and Compositional Text to Bridge Vision and Language in a Unified Framework[C]// AAAI Conference on Artificial Intelligence. 2015: 2346 – 2352.

[68] MIKOLOV T, SUTSKEVER I, CHEN K, et al. Distributed representations of words and phrases and their compositionality[J]. Advances in neural information processing systems, 2013, 26: 3111 – 3119.

[69] KRIZHEVSKY A, SUTSKEVER I, HINTON G E. Imagenet classification with deep convolutional neural networks[J]. Communications of the ACM, 2017, 60(6): 84 – 90.

[70] YUAN Z, SANG J, LIU Y, et al. Latent feature learning in social media network[C]//Proceedings of the 21st ACM international conference on Multimedia. 2013: 253 – 262.

[71] WANG J, HE Y, KANG C, et al. Image-text cross-modal retrieval via modality-specific feature learning[C]//Proceedings of the 5th ACM on International Conference on Multimedia Retrieval. 2015: 347 – 354.

[72] FROME A, CORRADO G S, SHLENS J, et al. Devise: A deep visual-semantic embedding model [C]//Advances in neural information processing systems. 2013: 2121 – 2129.

[73] KARPATHY A, JOULIN A, LI F F. Deep fragment embeddings for bidirectional image sentence mapping[C]//Advances in neural information processing systems. 2014: 1889 - 1897.

[74] JIANG X, WU F, LI X, et al. Deep compositional cross-modal learning to rank via local-global alignment[C]//Proceedings of the 23rd ACM international conference on Multimedia. 2015: 69 - 78.

[75] WANG C, YANG H, MEINEL C. Deep semantic mapping for cross-modal retrieval[C]//2015 IEEE 27th International conference on tools with artificial intelligence (ICTAI). IEEE, 2015: 234 - 241.

[76] JIA Y, SHELHAMER E, DONAHUE J, et al. Caffe: Convolutional architecture for fast feature embedding[C]//Proceedings of the 22nd ACM international conference on Multimedia. 2014: 675 - 678.

[77] WEI Y, ZHAO Y, LU C, et al. Cross-modal retrieval with CNN visual features: A new baseline [J]. IEEE transactions on cybernetics, 2016, 47(2): 449 - 460.

[78] CASTREJON L, AYTAR Y, VONDRICK C, et al. Learning aligned cross-modal representations from weakly aligned data[C]//Proceedings of the IEEE Conference on Computer Vision and Pattern Recognition. 2016: 2940 - 2949.

[79] DONAHUE J, JIA Y, VINYALS O, et al. A deep convolutional activation feature for generic visual recognition[J]. UC Berkeley & ICSI, Berkeley, CA, USA.

[80] GIRSHICK R, DONAHUE J, DARRELL T, et al. Rich feature hierarchies for accurate object detection and semantic segmentation[C]//Proceedings of the IEEE Conference on Computer Vision and Pattern Recognition. 2014: 580 - 587.

[81] GAO T, STARK M, KOLLER D. What makes a good detector-structured priors for learning from few examples[C]//European Conference on Computer Vision. Springer, Berlin, Heidelberg, 2012: 354 - 367.

[82] LIN Z, DING G, HU M, et al. Semantics-preserving hashing for cross-view retrieval[C]// Proceedings of the IEEE conference on computer vision and pattern recognition. 2015: 3864 - 3872.

[83] DING G, GUO Y, ZHOU J. Collective matrix factorization hashing for multimodal data[C]// Proceedings of the IEEE conference on computer vision and pattern recognition. 2014: 2075 - 2082.

[84] WANG W, OOI B C, YANG X, et al. Effective multi-modal retrieval based on stacked auto-encoders[J]. Proceedings of the VLDB Endowment, 2014, 7(8): 649 - 660.

[85] WANG D, CUI P, OU M, et al. Deep multimodal hashing with orthogonal regularization[C]// Twenty-Fourth International Joint Conference on Artificial Intelligence. 2015.

[86] ZHEN Y, YEUNG D Y. Co-regularized hashing for multimodal data[C]//Advances in neural information processing systems. 2012: 1376 - 1384.

[87] BRONSTEIN M M, BRONSTEIN A M, MICHEL F, et al. Data fusion through cross-modality metric learning using similarity-sensitive hashing[C]//2010 IEEE computer society conference on computer vision and pattern recognition. IEEE, 2010: 3594 - 3601.

[88] YU Z, WU F, YANG Y, et al. Discriminative coupled dictionary hashing for fast cross-media retrieval[C]//Proceedings of the 37th international ACM SIGIR conference on Research & development in information retrieval. 2014: 395 - 404.

[89] LIN Z, DING G, HU M, et al. Semantics-preserving hashing for cross-view retrieval[C]// Proceedings of the IEEE conference on computer vision and pattern recognition. 2015: 3864 - 3872.

[90] JIANG Q Y, LI W J. Deep cross-modal hashing[C]//Proceedings of the IEEE conference on

computer vision and pattern recognition. 2017: 3232 – 3240.

[91] DEERWESTER S, DUMAIS S T, FURNAS G W, et al. Indexing by latent semantic analysis[J]. Journal of the American society for information science, 1990, 41(6): 391 – 407.

[92] BLEI D M, NG A Y, JORDAN M I. Latent dirichlet allocation[J]. Journal of machine Learning research, 2003, 3(Jan): 993 – 1022.

[93] BLEI D M, JORDAN M I. Modeling annotated data [C]//Proceedings of the 26th annual international ACM SIGIR conference on Research and development in information retrieval. 2003: 127 – 134.

[94] PUTTHIVIDHY D, ATTIAS H T, NAGARAJAN S S. Topic regression multi-modal latent dirichlet allocation for image annotation[C]//2010 IEEE Computer Society Conference on Computer Vision and Pattern Recognition. IEEE, 2010: 3408 – 3415.

[95] XUN G, LI Y, ZHAO W X, et al. A Correlated Topic Model Using Word Embeddings[C]// IJCAI. 2017: 4207 – 4213.

[96] ZHENG Y, ZHANG Y J, LAROCHELLE H. Topic modeling of multimodal data: an autoregressive approach[C]//Proceedings of the IEEE conference on computer vision and pattern recognition. 2014: 1370 – 1377.

[97] LIAO R, ZHU J, QIN Z. Nonparametricbayesian upstream supervised multi-modal topic models [C]//Proceedings of the 7th ACM international conference on Web search and data mining. 2014: 493 – 502.

[98] WANG Y, WU F, SONG J, et al. Multi-modal mutual topic reinforce modeling for cross-media retrieval[C]//Proceedings of the 22nd ACM international conference on Multimedia. 2014: 307 – 316.

[99] WANG B, YANG Y, XU X, et al. Adversarial cross-modal retrieval[C]//Proceedings of the 25th ACM international conference on Multimedia. 2017: 154 – 162.

[100] GU J, CAI J, JOTY S R, et al. Look, imagine and match: Improving textual-visual cross-modal retrieval with generative models[C]//Proceedings of the IEEE Conference on Computer Vision and Pattern Recognition. 2018: 7181 – 7189.

[101] LEE K H, CHEN X, HUA G, et al. Stacked cross attention for image-text matching[C]// Proceedings of the European Conference on Computer Vision (ECCV). 2018: 201 – 216.

[102] JI Z, WANG H, HAN J, et al. Saliency-guided attention network for image-sentence matching [C]//Proceedings of the IEEE International Conference on Computer Vision. 2019: 5754 – 5763.

[103] CHEN H, DING G, LIU X, et al. IMRAM: Iterative Matching with Recurrent Attention Memory for Cross-Modal Image-Text Retrieval[C]//Proceedings of the IEEE/CVF Conference on Computer Vision and Pattern Recognition. 2020: 12655 – 12663.

[104] ZHAN Y W, LUO X, WANG Y, et al. Supervised Hierarchical Deep Hashing for Cross-Modal Retrieval[C]//Proceedings of the 28th ACM International Conference on Multimedia. 2020: 3386 – 3394.

[105] DEVLIN J, CHANG M W, LEE K, et al. Bert: Pre-training of deep bidirectional transformers for language understanding. In Proc. of the 2019 Conference of the North American Chapter of the Association for Computational Linguistics: Human Language Technologies, 2019, Vol. 1 (Long and Short Papers): 4171 – 4186.